中央财政"支持高等职业学校提升专业服务产业发展能力"项目建设成果

# SQL 数据库技术

## ——理实一体化教学课程

主　编　张　勇　陈　印

副主编　许　俊　朱　倩

编　委　徐红梅　邓　绯　郭　琳

　　　　陈　倬　邓小农　唐　权

U0317808

西南交通大学出版社
·成　都·

图书在版编目（ＣＩＰ）数据

SQL 数据库技术：理实一体化教学课程 / 张勇，陈印主编. —成都：西南交通大学出版社，2014.3

ISBN 978-7-5643-2945-7

Ⅰ. ①S… Ⅱ. ①张… ②陈… Ⅲ. ①关系数据库系统－高等职业教育－教材 Ⅳ. ①TP311.138

中国版本图书馆 CIP 数据核字（2014）第 036679 号

# SQL 数据库技术
## ——理实一体化教学课程
### 主编 张 勇 陈 印

| | |
|---|---|
| 责 任 编 辑 | 李芳芳 |
| 助 理 编 辑 | 宋彦博 |
| 特 邀 编 辑 | 张少华 |
| 封 面 设 计 | 墨创文化 |
| 出 版 发 行 | 西南交通大学出版社<br>（四川省成都市金牛区交大路 146 号） |
| 发 行 部 电 话 | 028-87600564　028-87600533 |
| 邮 政 编 码 | 610031 |
| 网　　　址 | http://press.swjtu.edu.cn |
| 印　　　刷 | 成都蓉军广告印务有限责任公司 |
| 成 品 尺 寸 | 185 mm×260 mm |
| 印　　　张 | 13.5 |
| 字　　　数 | 334 千字 |
| 版　　　次 | 2014 年 3 月第 1 版 |
| 印　　　次 | 2014 年 3 月第 1 次 |
| 书　　　号 | ISBN 978-7-5643-2945-7 |
| 定　　　价 | 27.00 元 |

# 前　言

高等职业教育是高等教育的重要组成部分，重点培养具有较强动手和实践能力的学生。在计算机专业的教学过程中，数据库技术是非常重要的一门专业基础课程。微软公司开发的 SQL Server 2008 数据库管理系统提供了一个杰出的数据库平台，能够满足各种类型的用户构建其网络数据库的需求，是目前主流数据库管理系统之一。

本书是作者根据其多年来从事数据库课程建设和教学的经验编写而成的，采用案例式编写方法，通过一个真实的学生报名数据库，贯穿始终。使读者能够通过本书快速掌握 SQL Server 2008 的应用方法。

本书共分 13 章：第 1 章介绍数据库基础理论；第 2 章介绍关系数据库理论和模型转换；第 3 章介绍 SQL Server 2008 数据库环境以及数据库的创建、修改和删除；第 4 章介绍表的管理，包括表的创建、表结构的修改、约束及数据的添加、修改和删除；第 5 章介绍查询的使用，包括简单条件查询、分组查询、多表连接查询以及子查询、视图；第 6 章介绍索引的原理，以及索引创建、修改与删除；第 7 章介绍 T-SQL 语言，包括变量、函数、批处理、条件判断语句和循环语句；第 8 章介绍存储过程以及函数的使用，包括存储过程和函数的创建、修改与调用；第 9 章介绍游标，包括游标的声明和应用；第 10 章介绍触发器的类型与应用；第 11 章介绍事务的概念及应用；第 12 章介绍数据库的安全性管理；第 13 章介绍数据库的日常管理与维护，包括数据库的导入导出、备份与恢复、分离与附加等。

本书由张勇、陈印任主编负责组织教材的编写工作，许俊、朱倩任副主编。其中，第 1、2 章由许俊编写，第 3、4 章由邓绯编写，第 5 章由朱倩编写，第 6 章由徐红梅编写，第 7 章由陈倬编写，第 8、9 章由陈印编写，第 10 章由唐权编写，第 11 章由郭琳编写，第 12 章由邓小农编写，第 13 章由张勇编写，张勇同志负责对全书的结构、案例进行规划和设计。在编写过程中，编者参考了大量的数据库技术教材和资料，在此特向相关作者表示深深的谢意。书中全部程序都在 SQL Server 2008 中调试通过。

由于作者水平和时间有限，书中难免存在不足和疏漏之处，敬请各位同行和读者指正，以便及时修订和补充。

编　者
2013 年 10 月

# 目 录

# 第1章 数据库概论

**【学习目标】**

☞ 了解数据库的基本概念；

☞ 了解数据库的发展阶段；

☞ 了解数据库的体系结构。

**【知识要点】**

📖 数据库的相关术语；

📖 数据库的体系结构；

📖 数据库的内模式、概念模式、外模式；

📖 层次模型、网状模型、关系模型。

## 1.1 数据库的基本概念

### 1.1.1 数据库相关术语

#### 1. 数 据

数据（Data）是对客观事务及其活动的抽象符号表示，或存储在某一种媒体上可以鉴别的符号资料。例如，学生的考试成绩是 90 或 50。

#### 2. 信 息

信息（Information）是消化理解、加工了的数据，是对客观世界的认识，即知识。例如，学生的成绩为优秀或不及格。

#### 3. 数据与信息的关系

数据是信息的具体表示形式，信息是各种数据所包括的意义。信息可用不同的数据形式来表现，信息不随数据的表现形式而改变。例如：2008 年 8 月 8 日与 2008-08-08。

信息和数据的关系可以总结为：数据是信息的载体，它是信息的具体表现形式。

#### 4. 数据处理与数据管理

数据处理也称为信息处理（Information Process），它是利用计算机对各种类型的数据进行处理，从而得到有用信息的过程。信息是数据处理的结果。

数据的处理过程包括：数据收集、转换、组织，数据的输入、存储、合并、计算、更新，数据的检索、输出等一系列活动。

**5. 数据管理**

计算机数据管理是指计算机对数据的管理方法和手段，包括对数据的组织、分类、编码、存储、检索和维护，是数据处理的中心问题。

**6. 数据库**

数据库就是为了实现一定的目的而按某种规则组织起来的数据的集合。

**7. 数据库管理系统**

数据库管理系统就是管理数据库的系统。

## 1.1.2　数据库技术的发展概况

数据库技术是计算机科学技术的重要分支中发展最快的，其所研究的问题是如何科学地组织和存储数据，如何高效地获取和处理数据。1963 年，美国 Honeywell 公司的 IDS（Integrated Data Store）系统投入运行，揭开了数据库技术的序幕。自 20 世纪 60 年代末 70 年代初以来，数据库技术不断发展和完善，在几十年中主要经历了 4 个阶段：人工管理阶段、文件系统阶段、数据库系统阶段和高级数据库系统阶段。

**1. 人工管理阶段**

20 世纪 50 年代中期以前是计算机用于数据管理的初级阶段，主要用于科学计算，数据不保存在计算机内。计算机只相当于一个计算工具，没有磁盘等直接存取的存储设备，没有操作系统，没有管理数据的软件，数据处理方式是批处理。数据的管理由程序员个人考虑安排，只有程序（Program）的概念，没有文件（File）的概念。这迫使用户程序与物理地址直接打交道，效率低，数据管理不安全不灵活；数据与程序不具备独立性，数据成为程序的一部分，数据面向程序，即一组数据对应一个程序，导致程序之间大量数据重复。

**2. 文件系统阶段**

20 世纪 50 年代后期到 60 年代中期，计算机有了磁盘、磁鼓等直接存取的存储设备，操作系统有了专门管理数据的软件——文件系统。文件系统使得计算机数据管理的方法得到了极大改善。这个时期的特点是：计算机不仅用于科学计算，而且还大量用于管理；处理方式上不仅有了文件批处理，而且能够联机实时处理；所有文件由文件管理系统进行统一管理和维护；但传统的文件管理系统阶段存在数据冗余性（Data Redundancy）、数据不一致性（Data Inconsistency）、数据联系弱（Data Poor Relationship）、数据安全性差（Data Poor Security）、缺乏灵活性（Lack of Flexibility）等问题。

**3. 数据库系统阶段**

20 世纪 60 年代后期以来，计算机用于管理的规模更为庞大，以文件系统作为数据管理手段已经不能满足应用的需求，为解决多用户、多应用共享数据的需求，使数据为尽可能多的应用服务，出现了数据库技术和统一管理数据的专门软件系统——数据库管理系统。

**4. 高级数据库系统阶段**

20 世纪 80 年代以来关系数据库理论日趋完善，逐步取代网状和层次数据库占领了市场，并向更高阶段发展。

### 1.1.3 文件管理数据阶段向现代数据库管理系统阶段转变的三大标志性事件

（1）1968 年，IBM（International Business Machine，国际商用机器）公司推出了商品化的基于层次模型的 IMS 系统。

（2）1969 年，美国 CODASYL（Conference On Data System Language，数据系统语言协商会）组织下属的 DBTG（Database Task Group，数据库任务组）发布了一系列研究数据库方法的 DBTG 报告，奠定了网状数据模型基础。

（3）1970 年，IBM 公司研究人员 E.F.Codd 提出了关系模型，奠定了关系型数据库管理系统的基础。

### 1.1.4 现代数据库管理系统阶段的特点

（1）使用复杂的数据模型表示结构。
（2）具有很高的数据独立性。
（3）为用户提供了方便的接口（SQL）。
（4）提供了完整的数据控制功能。
（5）提高了系统的灵活性。

### 1.1.5 数据库技术的发展趋势

目前数据库技术已成为计算机领域中最重要的技术之一，它是软件科学中的一个独立分支，正在向分布式数据库、知识库系统、多媒体数据库等方向发展。特别是现在的数据仓库和数据挖掘技术的发展，大大推动了数据库向智能化和大容量化的发展趋势，充分发挥了数据库的作用。

随着信息管理内容的不断扩展和新技术的层出不穷，数据库技术面临着前所未有的挑战。面对新的数据形式，人们提出了丰富多样的数据模型（层次模型、网状模型、关系模型、面向对象模型、半结构化模型等），同时也提出了众多新的数据库技术（XML 数据管理、数据流管理、Web 数据集成、数据挖掘等）。

随着互联网的进一步发展，非关系型的数据库成了一个极其热门的新领域，非关系数据库产品的发展非常迅速。与此同时，传统的关系数据库在应付超大规模和高并发纯动态网站时已经显得力不从心，大数据技术应运而生。大数据是由数量巨大、结构复杂非结构化、类型众多的数据构成的数据集合，是基于云计算的数据处理与应用模式，通过数据的集成共享，交叉复用形成的智力资源和知识服务能力。大数据技术是一次将改变我们生活、工作和思考方式的革命。

### 1.1.6 数据库体系结构

数据库系统（Database System，DBS）：DBS 是实现有组织地、动态地存储大量关联数据、方便多用户访问的计算机硬件、软件和数据资源组成的系统，即它是采用数据库技术的计算机系统。

数据库系统指在计算机系统中引入数据库后构成的系统，狭义的数据库系统由数据库、数据库管理系统组成；广义的数据库系统由数据库、数据库管理系统、应用系统、数据库管理员和用户构成。

#### 1. 数据库

数据库是与应用彼此独立的、以一定的组织方式存储在一起的、彼此相互关联的、具有较少冗余的、能被多个用户共享的数据集合。

#### 2. 数据库管理系统（DBMS）

数据库管理系统（Database Management System），是一种负责数据库的定义、建立、操作、管理和维护的系统管理软件。

DBMS 位于用户和操作系统之间，负责处理用户和应用程序存取、操纵数据库的各种请求，包括 DB（数据库）的建立、查询、更新及各种数据控制。常用的大型 DBMS 有 SQL Server、Oracle、Sybase、Informix、DB2。DBMS 总是基于某种数据模型，可以分为层次型、网状型、关系型和面向对象型等。数据库管理系统具有如下功能：

（1）数据定义：定义并管理各种类型的数据项。

（2）数据处理：数据库存取能力（增加、删除、修改和查询）。

（3）数据安全：创建用户账号、相应的口令和设置权限。

（4）数据备份：提供准确、方便的备份功能。

#### 3. 数据库管理员（Database Administrator，DBA）

数据库管理员是大型数据库系统的一个工作小组，主要负责数据库的设计、建立、管理和维护，协调各用户对数据库的要求等。

#### 4. 用　户

用户是数据库系统的服务对象，是使用数据库系统者。数据库系统的用户可以有两类：终端用户、应用程序员。

#### 5. 数据库应用系统

应用系统是指在数据库管理系统提供的软件平台上，结合各领域的应用需求开发的软件产品。

### 1.1.7 数据库系统的特点

（1）数据的共享性好，冗余度低，易扩充。数据库中的整体数据可以被多个用户、多种应用共享使用。

（2）采用特定的数据模型。数据库中的数据是有结构的。数据库系统不仅可以表示事物内部各数据项之间的联系，而且可以表示事物与事物之间的联系。

（3）具有较高的数据独立性。数据和程序的独立，把数据的定义从程序中分离出来，简化了应用程序的编制，大大减少了程序维护的工作量。

（4）有统一的数据控制功能。有效地提供了数据的安全性保护、数据的完整性检查、并发控制和数据库恢复等功能。

## 1.1.8 数据库的三层模式结构

（1）内模式（Internal Schema）是数据库在物理存储方面的描述，定义所有内部记录类型、索引和文件的组织方式以及数据控制方面的细节。由 DBMS 调用 OS 相关指令完成。

（2）概念模式（Conceptual Schema）是数据库中全部数据的整体逻辑结构的描述。数据库管理系统主要跟概念模式打交道，不关心数据在磁盘中的具体存储。

（3）外模式（External Schema）是用户与数据库系统的接口，是用户用到的那部分数据的描述。终端用户、数据库应用软件开发程序用户主要跟外模式打交道，只关心数据的最终呈现，不关心数据库的具体表结构和数据存放。

概念模式/内模式映射存在于概念级和内部级之间，用于定义概念模式和内模式之间的对应性。外模式/概念模式映射存在于外部级和概念级之间，用于定义外模式和概念模式之间的对应性。

数据库的三层模式体系结构如图 1.1 所示。

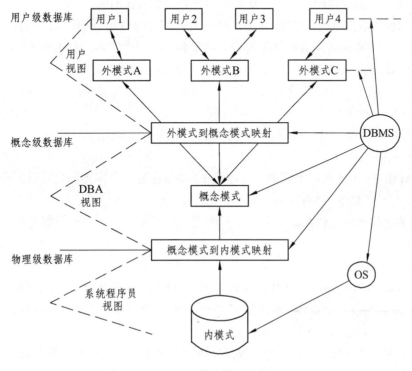

**图 1.1 层模式体系结构**

## 1.2 数据模型

### 1.2.1 知识点

#### 1. 概 述

数据模型是表示实体类型及实体间联系的模型，用来表示信息世界中的实体及其联系在数据世界中的抽象描述，它描述的是数据的逻辑结构。逻辑数据模型包含三个部分：

（1）数据结构是指对实体类型和实体间联系的表达和实现。

（2）数据操作是指对数据库的检索和更新（包括插入、删除和修改）两类操作。

（3）数据完整性约束给出数据及其联系应具有的制约和依赖规则。

#### 2. 实体联系模型

实体联系模型（E-R 模型）反映的是现实世界中的事物及其相互联系。实体联系模型为数据库建模提供了 3 个基本的语义概念：实体（Entity）、属性（Attributes）、联系（Relationship）。

（1）基本概念。

① 实体：客观存在并相互区别的事物及其之间的联系。例如，一个学生、一门课程、学生的一次选课等都是实体。

② 属性：实体所具有的某一特性。例如学生的学号、姓名、性别、出生年份、系、入学时间等。

③ 联系：实体与实体之间以及实体与组成它的各属性间的关系。

④ 码：唯一标识实体的属性集。例如，学号是学生实体的码。

⑤ 域：属性的取值范围。例如，年龄的域为大于 15 小于 35 的整数，性别的域为（男，女）。

⑥ 实体型：用实体名及其属性名集合来抽象和刻画同类实体，称为实体型。例如，学生（学号，姓名，性别，出生年份，系，入学时间）就是一个实体型。

⑦ 实体集：同型实体的集合称为实体集。例如，全体学生就是一个实体集。

（2）联系的三种类别。

E-R 模型中联系可分为一对一、一对多以及多对多三种类别。

① 一对一的联系（1∶1）。

对于实体集 E1 中的每一个实体，实体集 E2 中至多有一个实体与之联系，反之亦然，则称实体集 E1 与实体集 E2 具有一对一联系，记作 1∶1。

例如：学生与床位的联系，一个学生只能有一个床位，一个床位只能有一个学生住宿，如图 1.2 所示。

② 一对多的联系（1∶$N$）。

对于实体集 E1 中的每一个实体，实体集 E2 中有 $N$ 个实体（$N \geqslant 0$）与之联系；反过来，对于实体集 E2 中的每一个实体，实体集 E1 中至多有一个实体与之联系，则称实体集 E1 与实体集 E2 具有一对多联系，记作 1∶$N$。

例如：学校与区县的关系，一个学校只能属于一个区县，而一个区县可以包含多个学校，如图 1.3 所示。

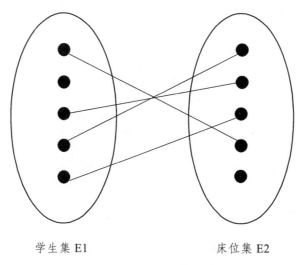

学生集 E1　　　　　　　　　　床位集 E2

**图 1.2　一对一的联系**

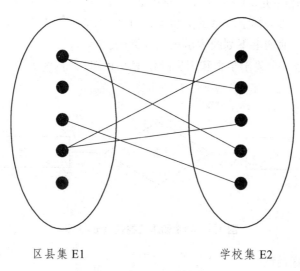

区县集 E1　　　　　　　　　　学校集 E2

**图 1.3　一对多的联系**

③ 多对多的联系（$M:N$）。

对于实体集 E1 中的每一个实体，实体集 E2 中有 $N$ 个实体（$N \geqslant 0$）与之联系；反过来，对于实体集 E2 中的每一个实体，实体集 E1 中也有 $M$ 个实体（$M \geqslant 0$）与之联系，则称实体集 E1 与实体集 E2 具有多对多的联系，记作 $M:N$。

例如：学生在选课时，一个学生可以选修多门课程，一门课程也可以被多名学生选修，则学生与课程之间具有多对多联系，如图 1.4 所示。

（3）E-R 图。

概念模型的表示方法很多，最常用的是实体（Entity）-联系（Relationship）方法。该方法用 E-R 图来描述现实世界的概念模型。E-R 图提供了表示实体型、属性和联系的方法。

① 实体型（Entity）：用矩形表示，矩形框内写明实体名。

② 属性（Attribute）：用椭圆形表示，并用无向边将其与相应的实体连接起来。

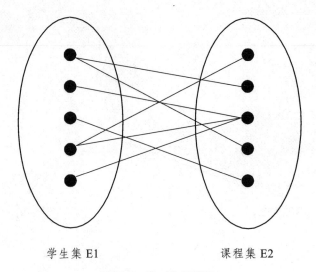

学生集 E1　　　　　　　　　课程集 E2

**图 1.4　多对多的联系**

③ 联系（Relationship）：用菱形表示，菱形框内写明联系名，并用无向边分别与有关实体连接起来，同时在无向边旁标上联系的类型（1∶1，1∶$N$ 或 $M∶N$）。

另外，在属性的下面加上下划线表示该属性为码。

图 1.5 描述的就是一个关于学生和床位的住宿 E-R 图。

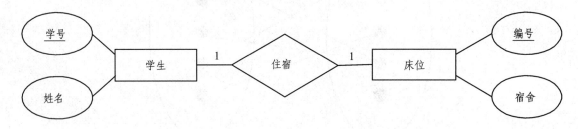

**图 1.5　学生和床位的住宿 E-R 图**

### 3. 三种常见的数据模型

（1）层次型（Hierarchical Database）。

用树形结构表示各类实体以及实体间的联系。层次模型数据库系统的典型代表是 IBM 公司的 IMS（Information Management System）数据库管理系统。在数据库中，对满足以下两个条件的数据模型称为层次模型：

① 有且仅有一个节点无双亲，这个节点称为"根节点"。

② 其他节点有且仅有一个双亲。

层次型数据模型的优点：数据结构类似于金字塔，不同层次间的关联性直接简单。

层次型数据模型的缺点：数据纵向发展，横向关系难以建立。

层次型数据模型的示例如图 1.6 所示。

（2）网状型（Network Database）。

将每条记录当成一个节点，节点与节点之间可以建立关联，形成一个复杂的网状结构。网状数据模型的典型代表是 DBTG 系统，也称 CODASYL 系统。

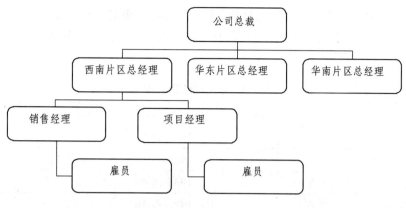

**图 1.6 层次模型**

在数据库中，对满足以下两个条件的数据模型称为网状模型：

① 允许一个以上的节点无双亲。

② 一个节点可以有多于一个的双亲。

网状型数据模型的优点：避免数据重复性。

网状型数据模型的缺点：关联性复杂。

网状型数据模型的示例如图 1.7 所示。

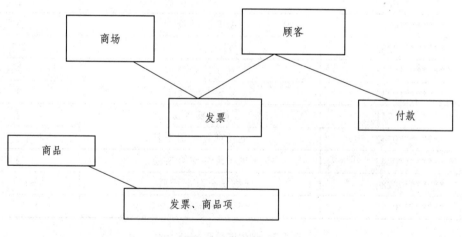

**图 1.7 网状模型**

（3）关系型（Relational Database）。

用二维表结构来表示实体以及实体之间联系的模型称为关系模型。关系模型中基本数据逻辑结构是一张二维表。在关系模型中，无论概念世界中的实体还是实体之间的联系均由关系（表）来表示。

在关系模型中：

① 通常把二维表称为关系。

② 一个表的结构称为关系模式。

③ 表中的每一行称为一个元组，相当于通常的一个记录（值）。

④ 每一列称为一个属性，相当于记录中的一个数据项。

⑤ 由若干个关系模式（相当于记录型）组成的集合，就是一个关系模型。

关系型示例如学生信息表 stuInfo（见表 1.1）、课程表 course（见表 1.2）和学生成绩表 stuScore（见表 1.3）。

表 1.1　学生信息表 stuInfo

| stuNumber | stuName | stuSex | stuBirthdate | stuSpecialty | zzmm |
|---|---|---|---|---|---|
| *******201101 | 王某 | 男 | 1986-05-01 | 计算机应用 | 1 |
| *******201102 | 陈某 | 女 | 1986-03-04 | 软件技术 | 1 |
| *******201103 | 廖某 | 男 | 1986-10-02 | 电子商务 | 2 |
| *******201104 | 邹某 | 女 | 1987-12-30 | 计算机网络 | 1 |
| *******201105 | 陈某 | 女 | 1987-06-07 | 电子商务 | 1 |
| *******201106 | 樊某 | 女 | 1985-11-06 | 电子商务 | 2 |
| *******201107 | 熊某 | 男 | 1986-09-07 | 软件技术 | 2 |
| *******201108 | 郑某 | 女 | 1986-07-25 | 电子商务 | 1 |

表 1.2　课程表 course

| courseNumber | courseName | coursePoint |
|---|---|---|
| *******0230 | 商务网站技术 | 2 |
| *******0231 | ASP 程序设计 | 3 |
| *******0232 | VB 程序设计 | 2.5 |
| *******0233 | 电子广告技术 | 2 |
| *******0234 | 现代物流技术 | 3 |
| *******0241 | 电子商务法 | 2 |
| *******0242 | 电子商务案例分析 | 2 |
| *******0243 | 电子商务综合实验 | 2 |
| *******0284 | 网络安全与电子商务 | 3 |
| *******0285 | 电子商务系统分析与设计 | 3.5 |

表 1.3　学生成绩表 stuScore

| stuNumber | courseNumber | score |
|---|---|---|
| *******201101 | *******0230 | 80 |
| *******201102 | *******0230 | 90 |
| *******201103 | *******0230 | 56 |
| *******201104 | *******0231 | 78 |
| *******201105 | *******0231 | 67 |
| *******201106 | *******0284 | 77 |
| *******201107 | *******0285 | 84 |
| *******201108 | *******0285 | 45 |

## 1.2.2　教学案例

【例 1.1】　绘制区县与学校从属 E-R 图，一个学校只能属于一个区县，而一个区县可包含多个学校，如图 1.8 所示。

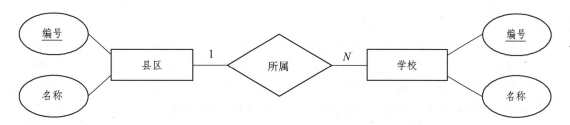

图 1.8　区县与学校的 E-R 图

【例 1.2】　绘制学生与课程选修 E-R 图，一个学生可以选修多门课程，一门课程可以被多个学生选修，如图 1.9 所示。

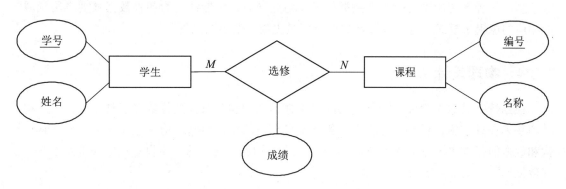

图 1.9　学生与课程选修 E-R 图

# 1.3　数据库设计

数据库设计（Database Design）是根据应用需求，构造最优的数据库模式，建立数据库及其应用系统，使之能够有效地存储数据，满足各种用户的应用需求。数据库设计是建立数据库及其应用系统的技术，是信息系统开发和建设中的核心技术。按照规范设计的方法及软件工程思想，可将数据库设计分为以下六个阶段：需求分析、概念设计、逻辑设计、物理设计、数据库实施、数据库运行与维护阶段。

## 1.3.1　需求分析

调查和分析用户的业务活动和数据的使用情况，弄清所用数据的种类、范围、数量以及它们在业务活动中交流的情况，确定用户对数据库系统的使用要求和各种约束条件等，形成用户需求规约。

### 1.3.2 概念设计

对用户要求描述的现实世界（可能是一个工厂、一个商场或者一个学校等），通过对其中诸处的分类、聚集和概括，建立抽象的概念数据模型。这个概念模型应反映现实世界各部门的信息结构、信息流动情况、信息间的互相制约关系以及各部门对信息储存、查询和加工的要求等。所建立的模型应避开数据库在计算机上的具体实现细节，用一种抽象的形式表示出来。以扩充的实体——联系模型（E-R模型）方法为例：第一步，先明确现实世界各部门所含的各种实体及其属性、实体间的联系以及对信息的制约条件等，从而给出各部门内所用信息的局部描述（在数据库中称为用户的局部视图）；第二步，再将前面得到的多个用户的局部视图集成为一个全局视图，即用户要描述的现实世界的概念数据模型。

### 1.3.3 逻辑设计

主要工作是将现实世界的概念数据模型设计成数据库的一种逻辑模式，即适应于某种特定数据库管理系统所支持的逻辑数据模式。与此同时，可能还需为各种数据处理应用领域产生相应的逻辑子模式。这一步设计的结果就是生成"逻辑数据库"。

### 1.3.4 物理设计

根据特定数据库管理系统所提供的多种存储结构和存取方法等依赖于具体计算机结构的各项物理设计措施，对具体的应用任务选定最合适的物理存储结构（包括文件类型、索引结构和数据的存放次序与位逻辑等）、存取方法和存取路径等。这一步设计的结果就是生成"物理数据库"。

### 1.3.5 数据库实施

在上述设计的基础上，收集数据并具体建立一个数据库，运行一些典型的应用任务来验证数据库设计的正确性和合理性。一个大型数据库的设计过程往往需要经过多次循环反复。当设计的某步发现问题时，可能就需要返回到前面进行修改。因此，在做上述数据库设计时就应考虑到今后修改设计的可能性和方便性。

### 1.3.6 数据库运行与维护

在数据库系统正式投入运行的过程中，必须不断地对其进行调整与修改，尽量减少运行故障，达到最佳运行状态。

# 本章小结

本章介绍了数据库技术的基本概念、发展阶段、相关术语及数据库设计方法。数据库技术经历了人工管理阶段、文件系统阶段、数据库系统阶段，非关系型大数据正引起人们的关注。数据库有内模式、概念模式、外模式三种模式。要理解数据库体系结构的各组成元素，数据库系统指在计算机系统中引入数据库后构成的系统，狭义的数据库系统由数据库、数据库管理系统组成。广义的数据库系统由数据库、数据库管理系统、应用系统、数据库管理员和用户构成。

数据模型是表示实体类型及实体间联系的模型，用来表示信息世界中的实体及其联系在数据世界中的抽象描述，它描述的是数据的逻辑结构。常见的三种模型是层次型、网状型、关系型，重点掌握关系数据模型。

数据库设计是为了构造最优的数据库模式，建立数据库及其应用系统，使之能够有效地存储数据，满足各种用户的应用需求。数据库设计是建立数据库及其应用系统的技术，是信息系统开发和建设中的核心技术。按照规范设计的方法及软件工程思想，可将数据库设计分为以下六个阶段：需求分析、概念设计、逻辑设计、物理设计、数据库实施、数据库运行与维护阶段。

# 习　题

## 一、选择题

1. DBS 是采用了数据库技术的计算机系统，DBS 是一个集合体，包含数据库、计算机硬件、软件和（　　）。

A. 系统分析员　　　　　B. 程序员　　　　　C. 数据库管理员　　　　D. 操作员

2. 数据库（DB）、数据库系统（DBS）和数据库管理系统（DBMS）之间的关系是（　　）。

A. DBS 包括 DB 和 DBMS　　　　B. DBMS 包括 DB 和 DBS

C. DB 包括 DBS 和 DBMS　　　　D. DBS 就是 DB，也就是 DBMS

3. 下面列出的数据库管理技术发展的三个阶段中，没有专门的软件对数据进行管理的是（　　）。

I. 人工管理阶段

II. 文件系统阶段

III. 数据库阶段

A. I 和 II　　　　　　B. 只有 II

C. II 和 III　　　　　D. 只有 I

4. 下列四项中，不属于数据库系统特点的是（　　）。

A. 数据共享　　　B. 数据完整性　　　C. 数据冗余度高　　　D. 数据独立性高

5. 数据库系统的数据独立性体现在（　　）。

A. 不会因为数据的变化而影响应用程序

B. 不会因为系统数据存储结构与数据逻辑结构的变化而影响应用程序

C. 不会因为存储策略的变化而影响存储结构

D. 不会因为某些存储结构的变化而影响其他的存储结构

6. 描述数据库全体数据的全局逻辑结构和特性的是（　　）。

A. 模式　　　　B. 内模式　　　　C. 外模式　　　　D. 用户模式

7. 要保证数据库的数据独立性，需要修改的是（　　）。

A. 模式与外模式　　　　　　B. 模式与内模式

C. 三层之间的两种映射　　　D. 三层模式

8. 要保证数据库的逻辑数据独立性，需要修改的是（　　）。

A. 模式与外模式的映射　　　B. 模式与内模式之间的映射

C. 模式　　　　　　　　　　D. 三层模式

9. 用户或应用程序看到的那部分局部逻辑结构和特征的描述是（　　），它是模式的逻辑子集。

A. 模式　　　　　B. 物理模式　　　　C. 子模式　　　　D. 内模式

10. 下述（　　）不是 DBA 数据库管理员的职责。

A. 完整性约束说明　　　　　B. 定义数据库模式

C.数据库安全　　　　　　　D. 数据库管理系统设计

11. 客观而言，国家与首都的联系应该符合（　　）的联系类型。

A. 1：1　　　　B. 1：$N$　　　　C. $M$：$N$　　　　D. 无法确定

12. 一个学生就读一所学校，一所学校有多名学生。这种联系属于（　　）的联系类型。

A. 1：1　　　　B. 1：$N$　　　　C. $M$：$N$　　　　D. 无法确定

13. 绘制 E-R 图时，椭圆形用于代表（　　）。

A. 实体　　　　B. 联系　　　　C. 属性　　　　D. 码

## 二、简答题

1. 试述数据、数据库、数据库系统、数据库管理系统的概念。

2. 使用数据库系统有什么好处？

3. 试述数据库系统的特点。

4. 数据库设计有哪几个阶段？

5. 如何将一对多的联系转换成关系模式？请举例说明。

# 第2章 关系数据库

【学习目标】
☞ 了解关系模型的组成；
☞ 了解关系模型的特点；
☞ 掌握关系数据结构；
☞ 掌握关系的运算；
☞ 掌握关系模型的完整性约束。

【知识要点】
📖 关系概念；
📖 数据结构、完整性约束；
📖 关系运算；
📖 规范化及范式。

1970 年美国 IBM 公司的研究员 E. F. Codd 在《大型共享数据银行的关系模型》中提出了关系数据模型的概念。之后，提出了关系代数和关系演算的概念。

关系数据模型是指实体和联系均用二维表来表示的数据模型。关系实例如图 2.1 所示。

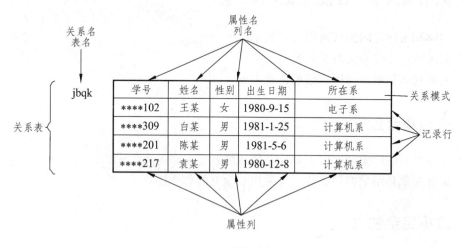

图 2.1　关系实例

## 2.1　关系模型组成要素

关系模型由关系数据结构、关系操作集合、关系完整性约束三部分组成。

### 2.1.1　关系数据结构

数据结构是所研究的对象类型的集合。包括：与数据类型、内容、性质有关的对象，例如，网状模型中的数据项、记录以及关系模型中的域、属性、关系等；与数据之间联系有关的对象，例如，网状模型中的系型（Set Type）。数据结构是对系统静态特征的描述。

### 2.1.2　关系操作集合

数据操作是指对数据库中各种对象的实例允许执行的操作的集合，包括操作及有关的操作规则。数据库主要有检索和更新（包括插入、删除、修改）两大类操作。数据模型必须定义这些操作的确切含义、操作符号、操作规则（如优先级）及实现操作的语言。数据操作是对系统动态特性的描述。

### 2.1.3　关系完整性约束

数据的约束条件是一组完整性规则的集合。数据模型应该反映和规定本数据模型必须遵守的基本的通用的完整性约束条件。此外，数据模型还应提供定义完整性约束条件的机制，以反映具体应用所涉及的数据必须遵守的特定的语义约束条件。

## 2.2　关系模型的特点

### 2.2.1　数据结构单一或模型概念单一化

（1）实体和实体之间的联系用关系表示。
（2）关系的定义也是关系（元关系）。
（3）关系的运算对象和运算结果还是关系。

### 2.2.2　采用集合运算

（1）关系是元组的集合，所以对关系的运算就是集合运算。
（2）运算对象和结果都是集合，可采用数学上的集合运算。

### 2.2.3　数据完全独立

（1）只需告诉系统"做什么"，不需要给出"怎么做"。
（2）程序和数据各自独立。

### 2.2.4　数学理论支持

（1）有集合论、数理逻辑作基础。

（2）以数学理论为依据对数据进行严格定义、运算和规范化。

## 2.3 关系数据结构

关系是满足一定条件的二维表，称为关系（Relation），在关系模型中，无论概念世界中的实体还是实体之间的联系均由关系（表）来表示。并且满足以下特性：

（1）有一个关系名，并且跟关系模式中所有其他关系不重名。

（2）每一个单元格都包含且仅包含一个原子值。

（3）每个属性都有一个不同的名字。

（4）同一属性中的各个值都取自相同的域。

（5）各属性的顺序并不重要。

（6）理论上讲，元组的顺序并不重要。

### 2.3.1 关系（Relation）

对应于关系模式的一个具体的表称为关系，又称表（Table）。通常将一个没有重复行、重复列的二维表看成一个关系。每个关系都有一个关系名。例如，表 2.1 学生信息表 stuInfo 是一张二维表，即一个关系。

表 2.1 学生信息表 StuInfo

| stuNumer | stuName | stuSex | stuBirthdate | stuSpecialty | zzmm |
|---|---|---|---|---|---|
| ********201101 | 王某 | 男 | 1986-05-01 | 计算机应用 | 1 |
| ********201102 | 陈某 | 女 | 1986-03-04 | 软件技术 | 1 |
| ********201103 | 廖某 | 男 | 1986-10-02 | 电子商务 | 2 |
| ********201104 | 邹某 | 女 | 1987-12-30 | 计算机网络 | 1 |
| ********201105 | 陈某 | 女 | 1987-06-07 | 电子商务 | 1 |
| ********201106 | 樊某 | 女 | 1985-11-06 | 电子商务 | 2 |
| ********201107 | 熊某 | 男 | 1986-09-07 | 软件技术 | 2 |
| ********201108 | 郑某 | 女 | 1986-07-25 | 电子商务 | 1 |

### 2.3.2 关系模式（Relation Scheme）

二维表的表头那一行称为关系模式，又称为表的框架或记录类型，是对关系的描述。

关系模式可表示为：关系模式名（属性名 1，属性名 1，…，属性名 n）的形式。例如，表 2.1 的表头（stuNumber，stuName，stuSex，stuBirthdate，zzmm）。

### 2.3.3 元　组

表中的每一行称为关系的一个记录，表示一个实体，又称行（Row）或记录（Record）。例如，表 2.1 中的一个元组：********201108，郑某，女，1986-07-25，电子商务，1。

### 2.3.4 属　性（Attributes）

二维表中的每一列称为关系的一个属性，又称列（Column）。给每一个属性起一个名称即属性名，属性值则是各元组属性的取值。例如，表 2.1 中的属性有 stuName、stuNumber、stuSex 等。

### 2.3.5 域（Domain）

关系中的每一属性所对应的取值范围叫属性的域。同一属性只能在相同域中取值。例如，在表 2.1 中，属性 Sex 的域是"男"和"女"。

### 2.3.6 主　键（Primary Key）

如果关系模式中的某个或某几个属性组成的属性组能唯一地标识对应于该关系模式的关系中的任何一个记录，这样的属性组即为该关系模式及其对应关系的主键。例如，表 2.1 中的学号 stuNumber。

### 2.3.7 外　键（Foreign Key）

关系中某个属性或属性组合并非该关系的键，但却是另一个关系的主键，称此属性或属性组合为本关系的外键。例如，表 1.3 中的属性 stuNumber 和 courseNumber。

### 2.3.8 属性值

表中的一列对应的数据，描述实体或联系的特征。例如，表 2.1 中的专业列 stuSpecialty 的属性值有"计算机应用"、"软件技术"、"电子商务"等。

### 2.3.9 候选键

关系中能够成为关键字的属性或属性组合可能不是唯一的。凡在关系中能够唯一区分确定不同元组的属性或属性组合，称为候选键。包括在候选键中的属性称为主属性，不包括在候选键中的属性称为非主属性。

例如，关系 stuInfo 中的属性 stuNumber 和 stuName，关系 stuScore 中的属性组 stuNumber 和 courseNumber。

## 2.4 关系数据操作

关系数据操作是以关系代数为基础的，用对关系的运算来表示各种操作。一类是传统的集合运算：并、交、差等，另一类是专门用于数据库操作的关系运算：选择、投影和连接等。

### 2.4.1 传统的集合运算

设有两个关系 R 和 S，具有相同的结构，t 是元组变量，关系 R 为选修了电子商务技术课程的学生，S 为选修了 ASP 程序设计的学生，分别见表 2.2 和表 2.3。

表 2.2　选修电子商务技术的学生关系 R

| stuName | stuSex |
| --- | --- |
| 赖某 | 女 |
| 王某一 | 女 |
| 刘某 | 女 |
| 王某二 | 男 |
| 龚某 | 女 |
| 胡某一 | 女 |
| 杨某 | 女 |
| 胡某二 | 女 |

表 2.3　选修了 ASP 程序设计的学生关系 S

| stuName | stuSex |
| --- | --- |
| 赖某 | 女 |
| 王某二 | 男 |
| 刘某 | 女 |
| 扎西 | 男 |
| 王某三 | 男 |
| 王某四 | 男 |
| 白某 | 男 |
| 李某 | 女 |

#### 1. 并（Union）

设有两个关系 R 和 S，它们具有相同的结构。R 和 S 的并是由属于 R 或属于 S 的元组组成的集合，运算符为∪，记为 T = R∪S。并运算就是把两个关系中的所有元组集合在一起，形成一个新的关系。由于关系中的元组是集合运算，所有相同的元组不能在关系中重复出现。

【例 2.1】 选修了电子商务技术或 ASP 程序设计的学生，R∪S 的结果关系见表 2.4。

表 2.4  R∪S 关系

| stuName | stuSex |
|---------|--------|
| 赖某 | 女 |
| 王某一 | 女 |
| 刘某 | 女 |
| 王某二 | 男 |
| 龚某 | 女 |
| 胡某一 | 女 |
| 杨某 | 女 |
| 胡某二 | 女 |
| 扎西 | 男 |
| 王某三 | 男 |
| 王某四 | 男 |
| 白某 | 男 |
| 李某 | 女 |

**2. 差（Difference）**

R 和 S 的差是由属于 R 但不属于 S 的元组组成的集合，运算符为-。记为 T=R-S。

【例 2.2】 选修电子商务技术但没选修 ASP 程序设计的学生，R-S 的结果关系见表 2.5。

表 2.5  R-S 关系

| stuName | stuSex |
|---------|--------|
| 王某一 | 女 |
| 龚某 | 女 |
| 胡某一 | 女 |
| 杨某 | 女 |
| 胡某二 | 女 |

**3. 交（Intersection）**

R 和 S 的交是由既属于 R 又属于 S 的元组组成的集合，运算符为∩。记为 T=R∩S。R∩S=R-（R-S）。

【例 2.3】 同时选修电子商务技术和 ASP 程序设计的学生，R∩S 的结果关系见表 2.6。

表 2.6 R∩S 关系

| stuName | stuSex |
|---------|--------|
| 赖某 | 女 |
| 刘某 | 女 |
| 王某二 | 男 |

## 4. 笛卡尔积（Cartesian Product）

设关系 R 为 $n$ 列（$n$ 个属性），$k1$ 行（$k1$ 个元组）；关系 S 为 $m$ 列（$m$ 个属性），$k2$ 行（$k2$ 个元组）。记为：

$$R \times S = \{t_r t_s \mid t_r \in R \wedge t_s \in S\}$$

语义：笛卡儿积仍是一个关系，该关系的结构是 R 和 S 结构的连接，即前 $n$ 个属性来自 R，后 $m$ 个属性来自 S，该关系的值是由 R 中的每个元组连接 S 中的每个元组所构成元组的集合。

注意：新关系的属性个数等于 $n+m$，元组个数等于 $k1 \times k2$。

【例 2.4】 设有学生关系 R 和课程关系 S 分别见表 2.7 和 2.8，则 R×S 的结果见表 2.9。

表 2.7 学生关系 R

| stuName | stuSex |
|---------|--------|
| 王某一 | 女 |
| 龚某 | 女 |

表 2.8 课程关系 S

| courseNumber | courseName | coursePoint |
|--------------|------------|-------------|
| ********0230 | 商务网站技术 | 2 |
| ********0231 | ASP 程序设计 | 3 |
| ********0241 | 电子商务法 | 2 |

表 2.9 R×S

| stuName | stuSex | courseNumber | courseName | coursePoint |
|---------|--------|--------------|------------|-------------|
| 王某一 | 女 | ********0230 | 商务网站技术 | 2 |
| 王某一 | 女 | ********0231 | ASP 程序设计 | 3 |
| 王某一 | 女 | ********0241 | 电子商务法 | 2 |
| 龚某 | 女 | ********0230 | 商务网站技术 | 2 |
| 龚某 | 女 | ********0231 | ASP 程序设计 | 3 |
| 龚某 | 女 | ********0241 | 电子商务法 | 2 |

## 2.4.2 专门的关系运算

### 1. 投　影

从关系 R 中按所需顺序选取若干个属性构成新关系。

（1）投影的结果中要去掉相同的行。

（2）从列的角度进行的运算，即垂直方向抽取元组。

【例 2.5】　从表 2.1 学生信息表 stuInfo 中投影运算得到学生的学号 stuNumber、姓名 stuName 和专业 stuSpecialty，结果见表 2.10。

表 2.10　学生信息表 stuInfo 在学号、姓名和专业上的投影

| stuNumber | stuName | stuSpecialty |
|---|---|---|
| ********201101 | 王某 | 计算机应用 |
| ********201102 | 陈某 | 软件技术 |
| ********201103 | 廖某 | 电子商务 |
| ********201104 | 邹某 | 计算机网络 |
| ********201105 | 陈某 | 电子商务 |
| ********201106 | 樊某 | 电子商务 |
| ********201107 | 熊某 | 软件技术 |
| ********201108 | 郑某 | 电子商务 |

### 2. 选　择

从关系中找出满足下列条件的所有元组称为选择。

（1）从行的角度进行的运算，即水平方向抽取元组。

（2）经过选择运算得到的结果可以形成新的关系，其关系模式不变，但其中元组的数目小于或等于原来关系中的元组的个数，它是原关系的一个子集。

【例 2.6】　在表 2.1 学生信息表 stuInfo 中，利用选择运算查询出男生，得到新的关系，见表 2.11。

表 2.11　学生信息表的选择运算结果

| stuNumer | stuName | stuSex | stuBirthdate | stuSpecialty | zzmm |
|---|---|---|---|---|---|
| ********201101 | 王某 | 男 | 1986-05-01 | 计算机应用 | 1 |
| ********201103 | 廖某 | 男 | 1986-10-02 | 电子商务 | 2 |
| ********201107 | 熊某 | 男 | 1986-09-07 | 软件技术 | 2 |

### 3. 连　接

从两个关系的笛卡尔积中选取属性间满足一定条件的元组，就是在两个关系的笛卡尔积上进行的选择运算。也称为 θ 连接。运算符 θ 可以表示=、＜、＞、≤、≥等比较运算符中的某个或它们中某个的补。

22

（1）等值连接。

按照两关系中对应属性值相等的条件所进行的连接，即 R×S + 选择（θ 为 =）。

【例 2.7】 定义以下两个关系 R1 和 R2，分别见表 2.12 和表 2.13，求 R1 与 R2 在属性 stuNumber 上的等值连接。

先计算 R1×R2，然后在 R1×R2 运算结果的基础上，选择满足 R1. stuNumber=R2.stuNumber 的元组，结果见表 2.14。

表 2.12　R1

| stuNumber | stuName | stuSpecialty |
|---|---|---|
| ********810103 | 周某 | 计算机应用 |
| ********810108 | 罗某 | 软件技术 |
| ********810109 | 梁某 | 电子商务 |
| ********810110 | 冯某 | 计算机网络 |

表 2.13　R2

| stuNumber | Score |
|---|---|
| ********810103 | 80 |
| ********810108 | 90 |
| ********810109 | 56 |

表 2.14　R1 与 R2 在 stuNumber 上的等值连接

| stuNumber | stuName | stuSpecialty | stuNumber | score |
|---|---|---|---|---|
| ********810103 | 周某 | 计算机应用 | ********810103 | 80 |
| ********810108 | 罗某 | 软件技术 | ********810108 | 90 |
| ********810109 | 梁某 | 电子商务 | ********810109 | 56 |

（2）自然连接。

自然连接是去掉重复属性的等值连接。它属于连接运算的一个特例，是最常用的连接运算，在关系运算中起着重要作用。

自然连接中相等的分量必须是相同的属性组，并且要在结果中去掉重复的属性，而等值连接则不必。

【例 2.8】 关系 R1 和 R2 分别见表 2.12 和表 2.13，求 R1 与 R2 的自然连接，结果见表 2.15。

表 2.15　R1 与 R2 的自然连接

| stuNumber | stuName | stuSpecialty | score |
|---|---|---|---|
| ********810103 | 周某 | 计算机应用 | 80 |
| ********810108 | 罗某 | 软件技术 | 90 |
| ********810109 | 梁某 | 电子商务 | 56 |

## 2.5 关系数据模型完整性约束

### 2.5.1 实体完整性规则

（1）基本关系的所有主关键字对应的主属性都不能取空值。

（2）实体完整性是针对表中行的完整性。要求表中的所有行都有唯一的标识符。

（3）主关键字是否可以修改，或整个列是否可以被删除，取决于主关键字与其他表之间要求的完整性。

例如，stuInfo（stuNumber，stuName，stuSex，stuBirthdate，zzmm）中 stuNumber 是主关键字，则 stuNumber 属性不能为空。

### 2.5.2 参照完整性

在关系模型中实体及实体间的联系都是用关系来描述的，因此可能存在着关系与关系间的引用。参照关系（子表）的外码取值不能超出被参照关系（父表）的主码取值。

（1）参照完整性属于表间规则。

（2）对于永久关系的相关表，在更新、插入或删除记录时，如果只改其一不改其二，就会影响数据的完整性。

例如，学生成绩表 stuScore 作为子表，引用了父表 stuInfo，其外码 stuNumber 的取值不能超出父表 stuInfo 主码 stuNumber 的取值。

stuInfo（stuNumber，stuName，stuSex，stuBirthdate，zzmm）。

stuScore（stuNumber，courseNumber，score）。

### 2.5.3 域（用户）定义完整性

（1）属性取值满足某种条件或函数要求，用户定义的完整性是针对某一具体关系数据库的约束条件，反映某一具体应用所涉及的数据必须满足的语义要求。

（2）关系模型应提供定义和检验这类完整性的机制，以便用统一的系统的方法处理它们，而不要由应用程序实现这一功能。

例如，对于学生信息表和成绩表：

stuInfo (stuNumber，stuName，stuSex，stuBirthdate，zzmm)。

stuScore (stuNumber，courseNumber，score)。

stuSex 取值范围（"男"，"女"），zzmm 取值范围（"1"，"2"）。

score 取值为大于等于 0 小于 100 的整数。

## 2.6 关系数据模型优缺点

### 2.6.1 关系数据模型的优点

（1）关系模型与非关系模型不同，它是建立在严格的数学概念的基础上的，有严格的设计理论。

（2）由于实体和联系都用关系描述，保证了数据操作语言的一致性

（3）数据结构简单、清晰，易于用户理解。

（4）更高的数据独立性，更好的安全保密性。

（5）丰富的完整性。

## 2.6.2　关系数据模型的主要缺点

（1）由于存取路径对用户透明，造成查询速度慢，效率低于非关系型数据模型。

（2）对现实世界实体的表达能力弱。

（3）关系模型只有一些固定的操作集。

（4）不能很好地支持业务规则。

# 2.7　范　式

范式（Normal Forma）是衡量关系模式好坏的标准。在关系模式中存在函数依赖时就可能存在数据冗余，引起数据操作异常。对每个关系进行规范，提高数据结构化、共享性、一致性和可操作性。可以使用范式来规范化关系。

## 2.7.1　第一范式（1NF）

### 1. 定　义

在关系模式 R 的每个关系 r 中，如果每个属性值都是不可再分的原子值，那么称 R 是第一范式（1NF）的模式。

简单地说，1NF 中不允许出现表中表。1NF 是关系模式应具有的最基本的条件。满足 1NF 的关系称为规范化的关系，否则称为非规范化的关系。

### 2. 关系规范化

【例 2.9】　学生信息表见表 2.16，对它进行规范化。

表 2.16　学生信息表 1

| 学号 | 姓名 | 性别 | 电话 | | |
| --- | --- | --- | --- | --- | --- |
| | | | 手机 | 家庭 | 宿舍 |
| ********201101 | 王某 | 男 | 135****2389 | 86****64 | 86****66 |
| ********201102 | 陈某 | 女 | 135****3366 | 86****53 | 86****57 |
| ********201103 | 廖某 | 男 | 135****6754 | 83****57 | 85****58 |
| ********201104 | 邹某 | 女 | 135****2731 | 87****60 | 87****52 |

问题：不是二维表，未达到 1NF 要求。

解决方法 1：把电话属性展开为三个单独的属性，见表 2.17。

表 2.17　学生信息表 2

| 学号 | 姓名 | 性别 | 手机 | 家庭电话 | 宿舍电话 |
|---|---|---|---|---|---|
| ********201101 | 王某 | 男 | 135****2389 | 86****64 | 86****66 |
| ********201102 | 陈某 | 女 | 135****3366 | 86****53 | 86****57 |
| ********201103 | 廖某 | 男 | 135****6754 | 83****57 | 85****58 |
| ********201104 | 邹某 | 女 | 135****2731 | 87****60 | 87****52 |

解决方法 2：利用投影分解法把表 2.16 分解为两个关系，电话属性成为一个单独的关系，见表 2.18 和表 2.19。

表 2.18　学生信息表 3

| 学号 | 姓名 | 性别 |
|---|---|---|
| ********201101 | 王某 | 男 |
| ********201102 | 陈某 | 女 |
| ********201103 | 廖某 | 男 |
| ********201104 | 邹某 | 女 |

表 2.19　学生电话表

| 学号 | 手机 | 家庭电话 | 宿舍电话 |
|---|---|---|---|
| ********201101 | 135****2389 | 86****64 | 86****66 |
| ********201102 | 135****3366 | 86****53 | 86****57 |
| ********201103 | 135****6754 | 83****57 | 85****58 |
| ********201104 | 135****2731 | 87****60 | 87****52 |

## 2.7.2　第二范式（2NF）

### 1. 定　义

如果关系模式 R∈1NF，且每个非主属性（非候选码）完全函数依赖于候选码，那么称 R 属于 2NF 的模式。记作 R∈2NF。

### 2. 关系规范化

【例 2.10】　有一个学生基本情况的关系模式 R（学号，姓名，地区，地区补助，课程代码，成绩）。

候选码（主码）：（学号，课程代码）。

存在问题：

（1）数据冗余：同一学生的姓名、地区、地区补助等存在大量重复。

（2）更新异常：冗余带来的更新不一致。

（3）插入异常：当一个学生没有选修某门课，则该课程无值，不允许插入。

（4）删除异常：当删除一门课程的成绩时，致使学生的信息被删除。

原因：

关系属性之间存在部分函数依赖 FD，不是 2NF。

R 上有两个函数依赖：（学号，课程代码）→（姓名，地区，地区补助）和（学号，课程代码）→（成绩），因此前面一个 FD 是局部依赖。

解决办法：

将一个 1NF 关系分解为多个 2NF 的关系。如果将 R 分解为 R1（学号，姓名，地区，地区补助）、R2（学号，课程代码，成绩）后，就消除了这些部分函数依赖。

## 2.7.3　第三范式（3NF）

### 1. 定　义

如果关系模式 R∈1NF，且每个非主属性（非候选码）都不传递依赖于 R 的候选码，那么称 R 属于 3NF 的模式，记作 R∈3NF。

### 2. 关系规范化

【例 2.11】　在例 2.10 中，R2 是 2NF 模式，而且也是 3NF 模式。但 R1（学号，姓名，地区，地区补助）是 2NF 模式，但不一定是 3NF。

存在问题：

（1）数据冗余：同一地区、地区补助等存在大量重复。

（2）更新异常：冗余带来的更新不一致。

（3）删除异常：当删除一个学生时，致使地区的信息被删除；删除地区时，对应的学生信息被删除。

原因：

关系属性之间存在传递函数依赖 FD，不是 3NF。

R1 上有函数依赖：学号→地区和地区→地区补助，那么学号→地区补助就是一个传递依赖，即 R1 不是 3NF。

解决办法：

采用投影分解法，把 R1 分解为两个关系模式，以消除传递函数依赖：R11（学号，姓名，地区）和 R12（地区，地区补助）。

## 2.8　E-R 图向关系模型的转换

将 E-R 图转化为关系模型，不但要将实体转换为关系，而且在关系中还应反映出 E-R 图中各实体集之间的联系。因此，在设计完 E-R 图之后，需要按照一定的规则将 E-R 图转换为关系模型。E-R 图向关系模型的转换要解决两个主要问题：如何将实体和联系转换为关系，以及如何确定这些关系的属性和码。

将 E-R 图转化为关系模式的一般原则是：

（1）将 E-R 图中的所有实体转换成相应的关系，属性转换为关系的属性。

（2）用关系代替联系，该关系的属性是联系本身的属性和参与联系的实体的主键的集合。

（3）根据需要，可以将多个关系合并为一个关系。

## 2.8.1 实体（E）转换成关系

E-R 模型中的每一个实体都直接转换为一个关系，实体的属性就是关系的属性，实体的码就是关系的码。

## 2.8.2 联系（R）转换成关系

### 1.1 : 1 的联系转换为关系模型

一个 1 : 1 联系可以转换为一个独立的关系模式，也可以与任意一端对应的关系模式合并。

如果将该联系转换为一个独立的关系模式，则与该联系相连的各实体的码以及联系本身的属性均转换为关系的属性，每个实体的码均是该关系的候选码。

例如，将学生与床位之间的住宿联系可转换为如下关系模型：

学生（学号，姓名……），床位（编号，宿舍……），住宿（学号，床位编号）。

如果将该联系与某一端对应的关系模式合并，则需要在该关系模式的属性中加入另一个关系模式的码和联系本身的属性。

例如，学生与床位之间的住宿联系也可以转换成如下关系模型：

学生（学号，姓名……，床位编号，宿舍……）。

或者：床位（床位编号，宿舍……，学号，姓名……）。

### 2.1 : $N$ 的联系转换为关系模型

一个 1 : $N$ 联系可以转换为一个独立的关系模式，也可以与 $N$ 端对应的关系模式合并。

如果将该联系转换为一个独立的关系模式，则与该联系相连的各实体的码以及联系本身的属性均转换为关系的属性，而关系的码为 $N$ 端实体的码。

例如，将学校与区县的从属联系可转换为如下关系模型：

学校（编号，名称……），区县（编号，名称），从属（学校编号，区县编号）。

如果将该联系与 N 端对应的关系模式合并，则在 $N$ 端实体对应模式中加入 1 端实体所对应关系模式的码，以及联系本身的属性。而关系的码为 $N$ 端实体的码。

例如，学校与区县的从属联系也可转换为以下关系模型：

学校（学校编号，学校名称……，区县编号，区县名称）。

### 3. $M$ : $N$ 的联系转换为关系模型

一个 $M$ : $N$ 联系只能单独转换为一个关系模式。与该联系相连的各实体的码以及联系本身的属性均转换为关系的属性。而关系的码为各实体码的组合。

例如，将学生与课程的选课联系可转换为如下关系模型：

学生（学号，姓名……），课程（课程编号，课程名称……），选课（学号，课程编号，成绩）。

# 本章小结

本章介绍了关系模型的三个组成要素，关系模型的特点、关系数据结构、关系的运算及关系模型的完整性约束、关系规范化、实体与关系模型的转换等。概念上要重点明确关系数据模型是指实体和联系均用二维表来表示的数据模型，是一张二维的表；关系结构各个术语的含义。

结合具体的案例表掌握关系完整性的各种约束。理解范式（Normal Forma）是衡量关系模式好坏的标准。在关系模式中存在函数依赖时就可能存在数据冗余，引起数据操作异常。对每个关系进行规范，提高数据结构化、共享性、一致性和可操作性。掌握使用 1NF、2NF、3NF 范式来规范化关系的方法。

掌握 E-R 图转化为关系模式一般原则，将 E-R 图转化为关系模型，不但要将实体转换为关系，而且在关系中还应反映出 E-R 图中各实体集之间的联系。因此，在设计完 E-R 图之后，需要按照一定的规则将 E-R 图转换为关系模型。E-R 图向关系模型的转换要解决将实体和联系转换为关系，以及如何确定这些关系的属性和码。

# 习　题

**一、选择题**

1. 下面的选项不是关系数据库基本特征的是（　　）。

A. 不同的列应有不同的数据类型

B. 不同的列应有不同的列名

C. 与行的次序无关

D. 与列的次序无关

2. 一个关系只有一个（　　）。

A. 候选码　　　　　　　B. 外码

C. 超码　　　　　　　　D. 主码

3. 关系模型中，一个码是（　　）。

A. 可以由多个任意属性组成

B. 至多由一个属性组成

C. 可有多个或者一个其值能够唯一表示该关系模式中任何元组的属性组成

D. 以上都不是

4. 现有如下关系：

患者（患者编号，患者姓名，性别，出生日期，所在单位）

医疗（患者编号，患者姓名，医生编号，医生姓名，诊断日期，诊断结果）

其中，医疗关系中的外码是（　　）。

    A. 患者编号　　　　　　　　　B. 患者姓名

    C. 患者编号和患者姓名　　　　D. 医生编号和患者编号

5. 现有一个关系：借阅（书号，书名，库存数，读者号，借期，还期），假如同一本书允许一个读者多次借阅，但不能同时对一种书借多本，则该关系模式的外码是（　　）。

    A. 书号　　　　　　　　　　　B. 读者号

    C. 书号+读者号　　　　　　　　D. 书号+读者号+借期

6. 关系数据库管理系统应能实现的专门关系运算包括（　　）。

    A. 排序、索引、统计　　　　　B. 选择、投影、连接

    C. 关联、更新、排序　　　　　D. 显示、打印、制表

7. 关系代数中的连接操作是由（　　）操作组合而成。

    A. 选择和投影　　　　　　　　B. 选择和笛卡尔积

    C. 投影、选择、笛卡尔积　　　D. 投影和笛卡尔积

8. 自然连接是构成新关系的有效方法。一般情况下，当对关系 R 和 S 是用自然连接时，要求 R 和 S 含有一个或者多个共有的（　　）。

    A. 记录　　　　　　B. 行　　　　　　C. 属性　　　　　　D. 元组

9. 假设有关系 R 和 S，在下列的关系运算中，（　　）运算不要求："R 和 S 具有相同的元组，且它们的对应属性的数据类型也相同"。

    A. R∩S　　　　　　B. R∪S　　　　　　C. R-S　　　　　　D. R×S

10. 假设有关系 R 和 S，关系代数表达式 R-（R-S）表示的是（　　）。

    A. R∩S　　　　　　B. R∪S　　　　　　C. R-S　　　　　　D. R×S

11. 在关系数据库中，要求基本关系中所有的主属性上不能有空值，其遵守的约束规则是（　　）。

    A. 数据依赖完整性规则　　　　B. 用户定义完整性规则

    C. 实体完整性规则　　　　　　D. 域完整性规则

12. 设学生关系 S（SNO，SNAME，SSEX，SAGE，SDPART）的主键为 SNO，学生选课关系 SC（SNO，CNO，SCORE）的主键为 SNO 和 CNO，则关系 R（SNO，CNO，SSEX，SAGE，SDPART，SCORE）的主键为 SNO 和 CNO，其满足（　　）。

    A. 1NF　　　　　　B. 2NF　　　　　　C. 3NF　　　　　　D. BCNF

13. 设有关系模式 W（C，P，S，G，T，R），其中各属性的含义是：C 表示课程，P 表示教师，S 表示学生，G 表示成绩，T 表示时间，R 表示教室，根据语义有如下数据依赖集：D={C→P，（S，C）→G，（T，R）→C，（T，P）→R，（T，S）→R}，关系模式 W 的一个关键字是（　　）。

    A.（S，C）　　　　B.（T，R）　　　　C.（T，P）　　　　D.（T，S）

14. 关系模式中，满足 2NF 的模式（　　）。

    A. 可能是 1NF　　　　　　　　B. 必定是 1NF

C. 必定是 3NF                    D. 必定是 BCNF

15. 消除了部分函数依赖的 1NF 的关系模式，必定是（      ）。

A. 1NF                 B. 2NF                 C. 3NF                 D. BCNF

16. 关系数据库规范化是为了解决关系数据库中（      ）的问题而引入的。

A. 插入、删除和数据冗余

B. 提高查询速度

C. 减少数据操作的复杂性

D. 保证数据的安全性和完整性

17. 数据库中的冗余数据是指（      ）的数据。

A. 容易产生错误

B. 容易产生冲突

C. 无关紧要

D. 由基本数据导出

18. 关系数据库的规范化理论指出：关系数据库中的关系应该满足一定的要求，最起码的要求是达到 1NF，即满足（      ）。

A. 每个非主键属性都完全依赖于主键属性

B. 主键属性唯一标识关系中的元组

C. 关系中的元组不可重复

D. 每个属性都是不可分解的

19. 根据关系数据库规范化理论，关系数据库中的关系要满足第一范式，部门（部门号，部门名，部门成员，部门总经理）关系中，因哪个属性而使它不满足第一范式（      ）。

A. 部门总经理        B. 部门成员        C. 部门名        D. 部门号

## 二、简答题

1. 试述关系模型的三个组成部分。

2. 试述等值连接与自然连接的区别和联系。

# 第3章　数据库基本操作

【学习目标】

☞　SQL Server 2008 的安装，版本，组件，服务管理；

☞　了解 SSMS 的使用；

☞　了解 SQL Server 数据库管理环境；

☞　掌握数据库的创建、修改和删除命令。

【知识要点】

📖　SQL Server 数据库管理环境；

📖　SQL Server 数据库类型；

📖　SQL Server 数据库操作命令。

## 3.1　SQL Server 2008 简介

### 3.1.1　SQL Server 概述

SQL Server 是一个关系数据库管理系统，它最初是由 Microsoft、Sybase 和 Ashton-Tate 三家公司共同开发的，于 1988 年推出了第一个 OS/2 版本，随后推出了 SQL Server 7.0、SQL Server 2000、SQL Server 2005、SQL Server 2008。

SQL Server 2008 是 Microsoft 公司 2008 年推出的 SQL Server 数据库管理系统。它可以将结构化、半结构化和非结构化文档的数据（如图像和音乐）直接存储到数据库中。SQL Server 2008 提供一系列丰富的集成服务，可以对数据进行查询、搜索、同步、报告和分析之类的操作。数据可以存储在各种设备上，从数据中心最大的服务器一直到桌面计算机和移动设备。

SQL Server 2008 提供一个可信的、高效率智能数据平台，允许在使用 Microsoft. NET 和 Visual Studio 开发的自定义应用程序中使用数据，降低了管理数据基础设施，发送观察和信息给所有用户的成本。这个数据库管理系统平台有以下特点：

（1）可信任的：使得公司可以以很高的安全性、可靠性和可扩展性来运行他们最关键任务的应用程序。

（2）高效的：使得公司可以降低开发和管理数据基础设施的时间和成本。

（3）智能的：提供了一个全面的平台，可以在用户需要的时候给他发送观察和信息。

### 3.1.2　SQL Server 2008 版本简介

SQL Server 是微软应用平台中一个关键组成部分，微软应用平台旨在帮助客户建立、运行和管理动态的业务应用。SQL Server 2008 提供以下版本：

企业版：SQL Server 2008 企业版是一个全面的数据管理和商业智能平台，提供企业级的可扩展性、数据库、安全性，以及先进的分析和报表支持，从而运行关键业务应用。此版本可以整合服务器及运行大规模的在线事务处理。

标准版：SQL Server 2008 的标准版是一个完整的数据管理和商业智能平台，提供业界最好的易用性和可管理性以运行部门级应用。

工作组版：SQL Server 2008 工作组版是一个可信赖的数据管理和报表平台，为各分支应用程序提供安全、远程同步和管理能力。此版本包括核心数据库的特点并易于升级到标准版或企业版。

网络版：SQL Server 2008 网络版是为运行于 Windows 服务器上的高可用性、面向互联网的网络环境而设计的。SQL Server 2008 网络版为客户提供了必要的工具，以支持低成本、大规模、高可用性的网络应用程序或主机托管解决方案。

开发版：SQL Server 2008 开发版使开发人员能够用 SQL Server 建立和测试任何类型的应用程序。此版本的功能与 SQL Server 企业版功能相同，但只为开发、测试及演示使用颁发许可。在此版本上开发的应用程序和数据库可以很容易升级到 SQL Server 2008 企业版。

学习版：SQL Server 2008 学习版是 SQL Server 的一个免费版本，提供核心数据库功能，包括 SQL Server 2008 所有新的数据类型。此版本旨在提供学习与创建桌面应用程序和小型服务器应用程序，并可被 ISV 重新发布的免费版本。

移动版 3.5：SQL Server 移动版是为开发者设计的一个免费的嵌入式数据库，旨在为移动设备、桌面和网络客户端创建一个独立运行并适时联网的应用程序。SQL Server 移动版可在微软所有 Windows 的平台上运行，包括 Windows XP、Windows Vista 操作系统，以及 Pocket PC 和智能手机设备。SQL Server 2008 可为关键业务应用提供可信赖的、高效的、智能的平台，支持基于策略的管理、审核、大规模数据仓库、空间数据、高级报告与分析服务等新特性。

## 3.1.3 SQL Server 2008 的安装

### 1. 安装要求

SQL Server 2008 支持 32 位和 64 位操作系统，这里主要介绍 SQL Server 2008（32 位）的安装要求。

（1）硬件要求。

① 计算机：处理器 Pentium Ⅲ兼容处理器或处理速度更快的处理器，CPU 最低为 1.0 GHz，建议≥2.0 GHz。

② 内存：最小 512 MB，建议≥2.048 GB。

③ 硬盘：在安装 SQL Server 2008 时，需要系统驱动器提供至少 2.0 GB 的可用磁盘空间用来存储 Windows Installer 创建的安装临时文件。完全安装 SQL Server 2008 需要约 2.0 GB 磁盘空间，下面给出 SQL Server 2008 各组件磁盘空间需求，见表 3.1。

表 3.1　SQL Server 2008 磁盘空间需求

| 功　　能 | 磁盘空间要求/MB |
|---|---|
| 数据库引擎和数据文件、复制以及全文搜索 | 280 |
| Analysis Services 和数据文件 | 90 |
| Reporting Services 和报表管理器 | 120 |
| Integration Services | 120 |
| 客户端组件 | 850 |
| SQL Server 联机丛书和 SQL Server Compact 联机丛书 | 240 |

④ 监视器：VGA 或更高分辨率，SQL Server 图形工具要求 1 024×768 像素或更高分辨率。

⑤ 光驱：DVD 驱动器。

（2）软件要求。

① 框架支持。安装 SQL Server 2008 需要以下软件组件：

.NET Framework 3.5 SP1；

SQL Server Native Client；

SQL Server 安装程序支持文件。

② 软件。

Microsoft Windows Installer 4.5 或更高版本。

Microsoft 数据访问组件（MDAC）2.8 SP1 或更高版本。

操作系统：Windows XP Professional SP2 或更高版本。

### 2. 安装步骤

下面以 Window XP 为操作系统平台，详细讲解 SQL Server 2008 企业版的安装过程。

（1）将 SQL Server 2008 安装光盘插入光驱后，双击 setup.exe 安装，出现如图 3.1 所示操作界面。

图 3.1　SQL Server 2008 安装过程 1

（2）如果出现 Microsoft .NET Framework 2.0 版安装对话框，则选中相应的复选框以接受 Microsoft.NET Framework 2.0 许可协议，单击"下一步"。

（3）因 Windows Installer 4.5 是必需的，如果操作系统没有安装，可以由安装向导进行安装。如果系统提示您重新启动计算机，则重新启动计算机后再双击 SQL Server 2008 setup.exe 进行安装。

（4）必备组件安装完成后，安装向导进入"SQL Server 安装中心"，如图 3.2 所示。

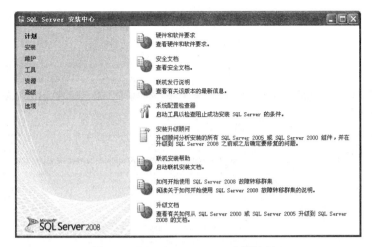

图 3.2　SQL Server 2008 安装过程 2

（5）在图 3.2 所示的操作界面中单击"安装"，出现如图 3.3 所示的操作界面。

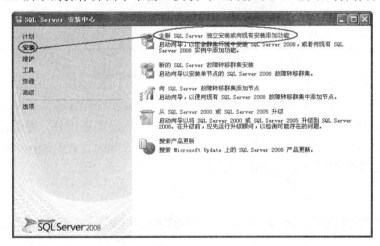

图 3.3　SQL Server 2008 安装过程 3

（6）在图 3.3 所示的操作界面中单击"全新安装或向现有安装添加功能"，安装向导将进行"安装程序支持规则"检查，如图 3.4 所示。

（7）在图 3.4 所示的安装程序支持规则检查通过后，单击"确定"按钮，进入如图 3.5 所示的"产品密钥"操作界面，单击"输入产品密钥"单选按钮，输入产品密钥。

图 3.4　SQL Server 2008 安装过程 4

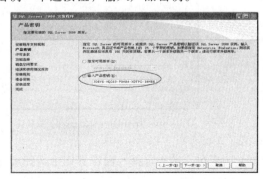

图 3.5　SQL Server 2008 安装过程 5

（8）在图 3.5 所示的操作界面中单击"下一步"，进入如图 3.6 所示的"许可条款"操作界面，选中"我接受许可条款"复选框，单击"下一步"按钮。

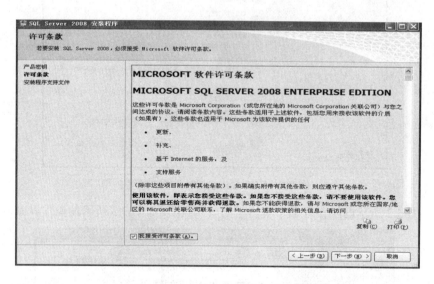

图 3.6　SQL Server 2008 安装过程 6

（9）安装向导进入"安装程序支持文件"操作界面，系统配置检查器将在安装继续之前检验计算机的系统状态，如果计算机上尚未安装 SQL Server 必备组件，则安装向导将安装它们。其中包括：.NET Framework 2.0、SQL Server Native Client、SQL Server 安装程序支持文件。若要安装必备组件，单击"安装"按钮，如图 3.7 所示。

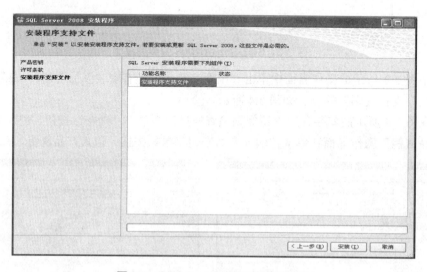

图 3.7　SQL Server 2008 安装过程 7

（10）在"功能选择"操作界面中选择要安装的组件。选择功能名称后，右侧窗格中会显示每个组件的说明。这里单击"全选"，以安装 SQL Server 2008 所有功能，如图 3.8 所示。

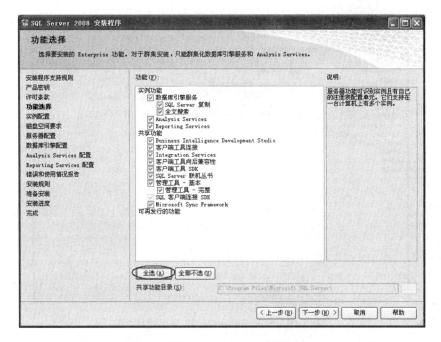

图 3.8　SQL Server 2008 安装过程 8

（11）在图 3.8 所示的操作界面中单击"下一步"进入"实例配置"操作界面，用户可以使用默认的实例名（MSSQLSERVER），这里选择命名实例，输入实例名为"MSSQLSERVER 2008"，默认实例根目录为"C：\Program Files\Microsoft SQL Server\"，这里更改为"D：\Program Files\Microsoft SQL Server\"，如图 3.9 所示。

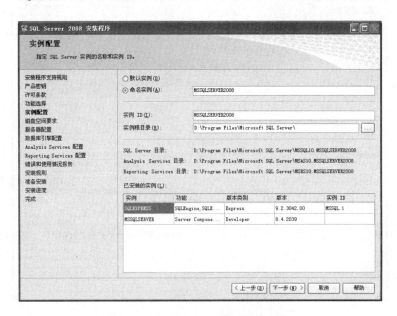

图 3.9　SQL Server 2008 安装过程 9

（12）在图 3.9 所示的操作界面中单击"下一步"，进入"磁盘空间要求"操作界面，计算指定的功能所需的磁盘空间，如图 3.10 所示。

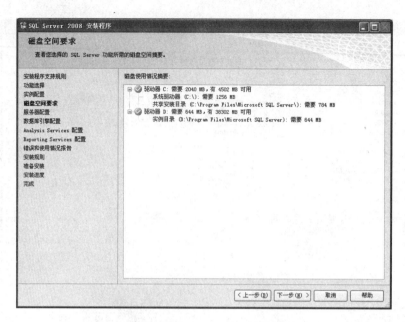

图 3.10　SQL Server 2008 安装过程 10

（13）在图 3.10 所示的操作界面中单击"下一步"，进入"服务器配置"操作界面，如图 3.11 所示，根据选择的安装功能指定 SQL Server 服务的登录账户。可以为所有 SQL Server 服务分配相同的登录账户，也可以分别配置每个服务账户。还可以指定服务是自动启动、手动启动还是禁用。

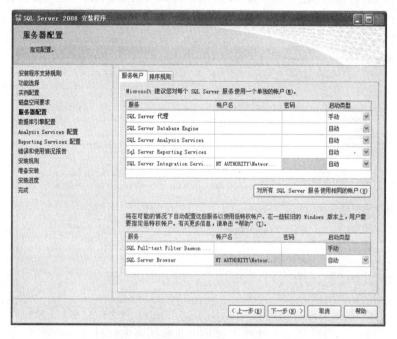

图 3.11　SQL Server 2008 安装过程 11

（14）在图 3.11 所示的操作界面单击"对所有 SQL Server 服务使用相同的账户"，打开如图 3.12 所示的操作界面，可单击"浏览"选择 Windows 登录账号。

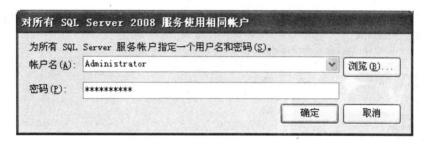

图 3.12　SQL Server 2008 安装过程 12

（15）在"服务器配置-服务账户"配置完成后，如图 3.13 所示，可单击"排序规则"选项卡为数据库引擎和 Analysis Services 指定非默认的排序规则。

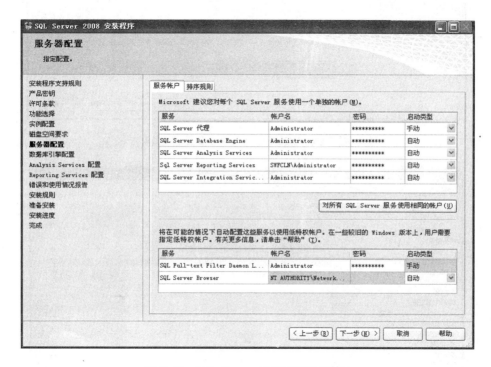

图 3.13　SQL Server 2008 安装过程 13

（16）在图 3.13 所示的操作界面中单击"下一步"，进入"数据库引擎配置"操作界面，可设置 SQL Server 实例安全模式为 Windows 身份验证或混合模式身份验证。如果选择"混合模式身份验证"，则必须为内置 SQL Server 系统管理员账户提供一个密码。在"指定 SQL Server 管理员"一栏必须至少为 SQL Server 实例指定一个系统管理员。若要添加用以运行 SQL Server 安装程序的账户，请单击"添加当前用户"。若要向系统管理员列表中添加账户或从中删除账户，请单击"添加"或"删除"，然后编辑将拥有 SQL Server 实例的管理员特权的用户、组或计算机的列表，单击"数据目录"选项卡可指定非默认的安装目录，如图 3.14 所示。

（17）在图 3.14 所示的操作界面中单击"下一步"，进入"Analysis Services 配置"操作界面，指定将拥有 Analysis Services 的管理员权限的用户或账户。必须为 Analysis Services 至少指定一个系统管理员，操作方法同图 3.14 所示的"指定 SQL Server 管理员"，如图 3.15 所示。

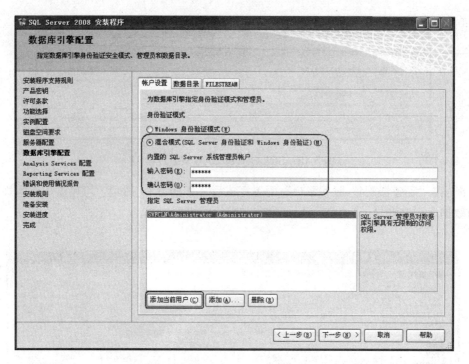

图 3.14  SQL Server 2008 安装过程 14

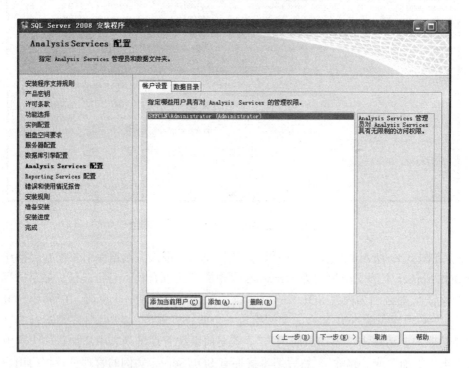

图 3.15  SQL Server 2008 安装过程 15

（18）在图 3.15 所示的操作界面中单击"下一步"，进入"Reporting Services 配置"操作界面，指定要创建的 Reporting Services 安装的类型：本机模式默认配置、SharePoint 模式默认配置、未配置的 Reporting Services 安装，如图 3.16 所示。

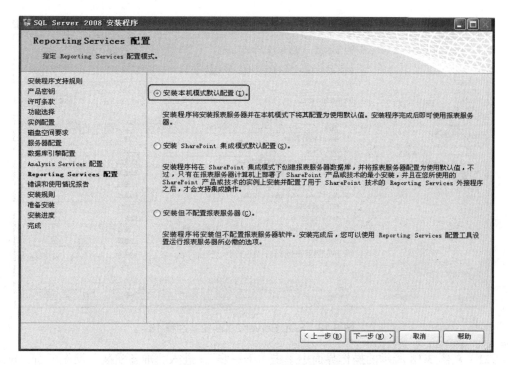

图 3.16　SQL Server 2008 安装过程 16

（19）在图 3.16 所示的操作界面中单击"下一步"，进入在"错误和使用情况报告"页上指定要发送到 Microsoft 以帮助改善 SQL Server 的信息。默认情况下，用于错误报告和功能使用情况的选项处于启用状态，如图 3.17 所示。

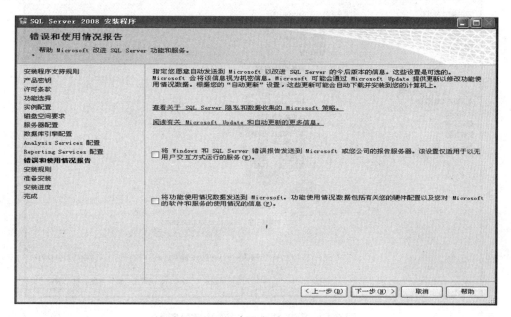

图 3.17　SQL Server 2008 安装过程 17

（20）在图 3.17 所示的操作界面中单击"下一步"，进入"安装规则"操作界面，系统配置检查器将再运行一组规则来检查指定的 SQL Server 功能配置，如图 3.18 所示。

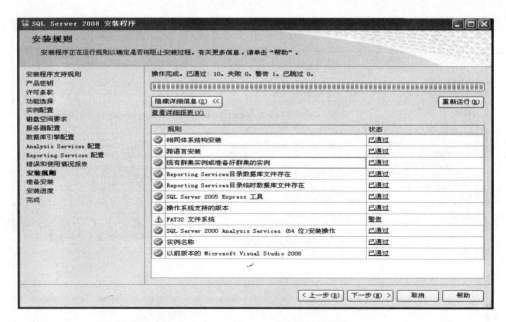

图 3.18　SQL Server 2008 安装过程 18

（21）在图 3.18 所示的操作界面中单击"下一步"，进入"准备安装"操作界面，显示在安装过程中指定的安装选项的树视图，如图 3.19 所示。

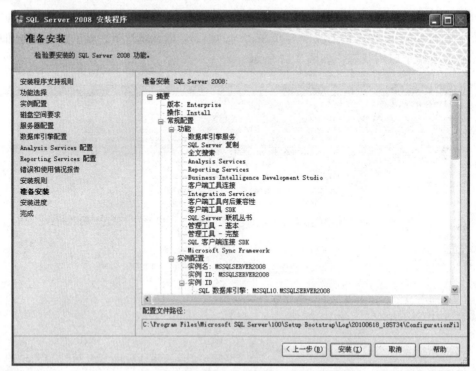

图 3.19　SQL Server 2008 安装过程 19

（22）在图 3.19 所示的操作界面中单击"安装"按钮，进入"安装进度"操作界面，监视安装进度，如图 3.20 所示。

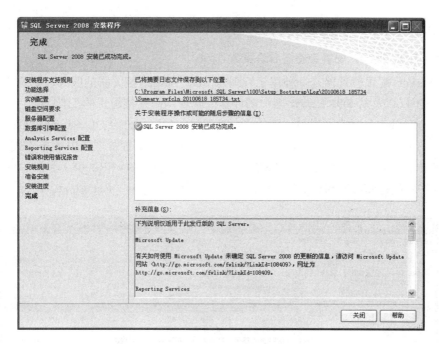

图 3.20　SQL Server 2008 安装过程 20

（23）安装完成后，"完成"页会提供指向安装日志文件摘要以及其他重要说明的链接。若要完成 SQL Server 安装过程，单击"关闭"按钮，如图 3.21 所示。

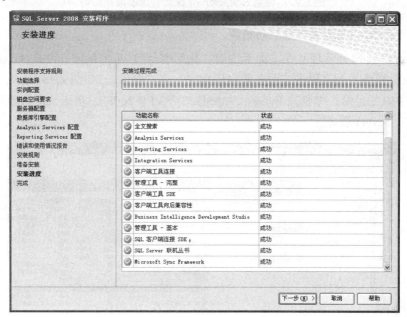

图 3.21　SQL Server 2008 安装过程 21

## 3.1.4　SQL Server 2008 服务器启动

在使用 SQL Server 2008 数据库管理系统之前，必须先启动 SQL Server 服务。下面介绍两种启动 SQL Server 服务的方法。

### 1. 使用 SQL Server 配置管理器启动服务

SQL Server 配置管理器是一种用于管理与 SQL Server 相关联的服务、配置 SQL Server 使用的网络协议以及从 SQL Server 客户端计算机管理网络连接配置的工具。

打开 SQL Server 配置管理器：开始→所有程序→Microsoft SQL Server 2008→配置工具→SQL Server 配置管理器，如图 3.22 所示，在 SQL Server 配置管理器中单击"SQL Server 服务"，在详细信息窗格中，右键单击"SQL Server（MSSQLSERVER2008）"，然后单击"启动"即可。同理可以启动或停止其他 SQL Server 服务（如 Analysis、Reporting、Browser 等）。

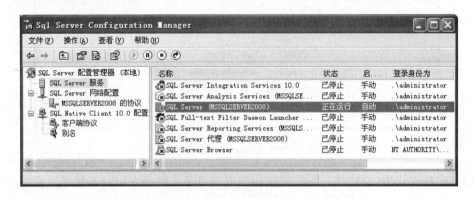

图 3.22　使用 SQL Server 配置管理器启动服务

### 2. 使用 Windows 服务管理器启动服务

打开 Windows 服务管理：在桌面上选中"我的电脑"，单击鼠标右键选择"管理"，打开"计算机管理"操作界面，单击"服务和应用程序"→"服务"，如图 3.23 所示，在右侧的服务窗格中选中服务名称，如 SQL Server（MSSQLSERVER 2008），单击鼠标右键选中"启动"即可启动 SQL Server 服务。

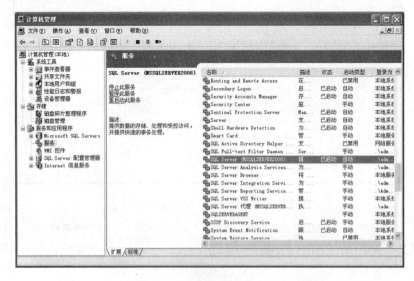

图 3.23　使用 Windows 服务管理器启动服务

SQL Server Management Studio 是一个用于访问、配置和管理所有 SQL Server 组件（数据库引擎、Analysis Services、Integration Services、Reporting Services 和 XQuery 等）的集成环境，它将早期版本的 SQL Server 中包括的企业管理器和查询分析器的各种功能，组合到一个单一环境中，为各种技术水平的开发人员和管理员提供了一个单一的实用工具，通过易用的图形工具和丰富的脚本编辑器使用和管理 SQL Server。

## 3.1.5 启动 SQL Server Management Studio

单击"开始"→"所有程序"→"Microsoft SQL Server SQL Server 2008"→"SQL Server Management Studio"，如图 3.24 所示。在"连接到服务器"操作界面中需要指定注册服务器的类型、名称、身份验证类型。

（1）服务器的类型：数据库引擎、Analysis Services、Reporting Services、Integration Services 和 SQL Server Compact 3.5。

（2）服务器的名称：服务器名称\实例名，如：SWFCLN\MSSQLSERVER2008。

（3）身份验证：可设置 Windows 身份验证和 SQL Server 身份验证。

在图 3.24 所示的"连接到服务器"操作界面中设置好连接服务器的类型、名称、身份验证后，单击"连接"按钮进入"Microsoft SQL Server Management Studio"工作界面。SQL Server Management Studio 的界面是一个标准的 Windows 界面，由标题栏、菜单栏、工具条、树窗口组成，如图 3.25 所示。

图 3.24　启动 SQL Server Management Studio

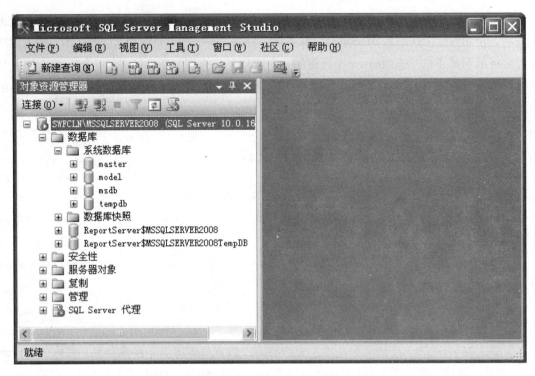

图 3.25　SQL Server Management Studio 界面

# 3.2　数据库结构

## 3.2.1　文件和文件组

SQL Server 2008 用文件来存放数据库。数据库是由数据库文件和事务日志文件组成的。一个数据库至少应包含一个数据库文件和一个事务日志文件。数据文件包含数据和对象，例如，表、索引、存储过程和视图。日志文件包含恢复数据库中的所有事务所需的信息。为了便于分配和管理，可以将数据文件集合起来，放到文件组中。

### 1. 数据库文件（Database File）

数据库文件是存放数据库数据和数据库对象的文件。一个数据库可以有一个或多个数据库文件，一个数据库文件只属于一个数据库。当有多个数据库文件时，有一个文件被定义为主数据库文件（Primary Database File），扩展名为 mdf，用来存储数据库的启动信息和部分或全部数据，一个数据库只能有一个主数据库文件。其他数据库文件被称为次数据库文件（Secondary Database File），扩展名为 ndf，用来存储主文件没存储的其他数据。采用多个数据库文件来存储数据的优点体现在：

（1）数据库文件可以不断扩充，而不受操作系统文件大小的限制。

（2）可以将数据库文件存储在不同的硬盘中，这样可以同时对几个硬盘做数据存取，提高了数据处理的效率。对于服务器型的计算机尤为有用。

### 2. 事务日志文件（Transaction Log File）

事务日志文件是记录所有事务以及每个事务对数据库所做的修改的文件，扩展名为 ldf。例如，使用 INSERT、UPDATE、DELETE 等对数据库进行更改的操作都会记录在此文件中，而使用 SELECT 等对数据库内容不会有影响的操作则不会记录。一个数据库可以有一个或多个事务日志文件。

SQL Server 中采用"Write-Ahead（提前写）"方式的事务，即对数据库的修改先写入事务日志中，再写入数据库。其具体操作是：系统先将更改操作写入事务日志中，再更改存储在计算机缓存中的数据，为了提高执行效率，此更改不会立即写到硬盘中的数据库，而是由系统以固定的时间间隔执行 CHECKPOINT 命令，将更改过的数据批量写入硬盘。SQL Server 有个特点，它在执行数据更改时会设置一个开始点和一个结束点，如果尚未到达结束点就因某种原因使操作中断，则在 SQL Server 重新启动时会自动恢复已修改的数据，使其返回未被修改的状态。由此可见，当数据库破坏时可以用事务日志恢复数据库内容。

### 3. 文件组（File Group）

文件组是将多个数据库文件集合起来形成的一个整体。每个文件组有一个组名。与数据库文件一样文件组也分为主文件组（Primary File Group）和次文件组（Secondary File Group）。一个文件只能存在于一个文件组中，一个文件组也只能被一个数据库使用。主文件组中包含了所有的系统表。当建立数据库时，主文件组包括主数据库文件和未指定组的其他文件。在次文件组中可以指定一个缺省文件组，那么在创建数据库对象时如果没有指定将其放在哪一个文件组中，就会将它放在缺省文件组中。如果没有指定缺省文件组，则主文件组为缺省文件组。

每个数据库有一个主要文件组，如果在数据库中创建对象时没有指定对象所属的文件组，对象将被分配给默认文件组 PRIMARY。此文件组包含主要数据文件和未放入其他文件组的所有次要文件。

## 3.2.2　文件的自动增长

SQL Server 允许文件在必要的时候扩展空间。当创建一个文件时，SQL Server 允许文件创建者说明是否允许文件自动扩展，一般建议使用自动扩展选项，因为这样可以节省数据库管理员的监控时间，由 SQL Server 自动监控文件的使用情况，一旦发现空间不够用，则会自动扩展文件空间。

关于文件自动增长，有以下概念：

分配空间：这是建立文件的初始空间大小。

文件增长：在文件空间被占满之后，增加文件的空间数量，有两种增长方式：绝对增长，以 MB 为单位增长文件空间；相对增长，以当前文件大小的百分比增长空间。

假设一个文件的初始空间为 10 MB，按照以 MB 为单位增加（绝对增长），每次增加 2 MB，则文件增长之后的大小依次为 10 MB、12 MB、14 MB、16 MB、……；按照百分比增加（相对增长），设置百分比值为 10%，则文件增长之后的大小为 10 MB、11 MB、12.1 MB、……文件的增长会一直持续下去，直到磁盘空间满，或者达到文件空间最大阀值为止。

最大文件大小：这是允许文件扩展的最大值。这个值在建立数据库时指定，但是在随后可以使用"企业管理器"或 ALTER DATABASE 语句进行修改。如果用户不设置这个值，则 SQL Server 将一直增长，直到可用磁盘空间被占满为止。

### 3.2.3 系统数据库

在安装 SQL Server 时，会自动建立四个系统数据库：

Master：记录 SQL Server 系统的所有系统级别信息。它记录所有的登录账户和系统配置设置。Master 记录所有其他的数据库，其中包括数据库文件的位置。SQL Server 的初始化信息，它始终有一个可用的最新 Master 数据库备份。

Tempdb：保存所有的临时表和临时存储过程。它还满足任何其他的临时存储要求，例如存储 SQL Server 生成的工作表。Tempdb 数据库是全局资源，所有连接到系统的用户的临时表和存储过程都存储在该数据库中。Tempdb 数据库在 SQL Server 每次启动时都将重新创建，因此，该数据库在系统启动时总是干净的。临时表和存储过程在连接断开时自动除去，而且当系统关闭后将没有任何连接处于活动状态，因此 Tempdb 数据库中没有任何内容会从 SQL Server 的一个会话保存到另一个会话。

默认情况下，SQL Server 在运行时，Tempdb 数据库会根据需要自动增长。不过，与其他数据库不同，每次启动数据库引擎时，它会重置为其初始大小。如果为 Tempdb 数据库定义的大小较小，则每次重新启动 SQL Server 时，将 Tempdb 数据库的大小自动增加到支持工作负荷所需的大小这一工作可能会成为系统处理负荷的一部分。为避免这种开销，可以使用 ALTER DATABASE 增加 Tempdb 数据库的大小。

Model：用作在系统上创建的所有数据库的模板。当发出 CREATE DATABASE 语句时，新数据库的第一部分通过复制 Model 数据库中的内容创建，剩余部分由空页填充。由于 SQL Server 每次启动时都要创建 Tempdb 数据库，Model 数据库必须一直存在于 SQL Server 系统中。

Msdb：供 SQL Server 代理程序调度警报和作业以及记录操作员时使用。

## 3.3  管理数据库

### 3.3.1  知识点

一般情况下，只有系统管理员或者有许可权限的用户新建一个数据库。数据库创建之后，新建这个数据库的用户自动成为这个数据库的拥有者。

每一个数据库由关系图、表、视图、存储过程、用户、角色等数据库对象所组成。创建数据库的过程实际上是为数据库设计名称、设置存储空间和文件的过程。

#### 1. 建立数据库

（1）使用 SSMS 建立数据库。

① 选中将要使用的数据库服务器，用鼠标右键单击数据库，在弹出的快捷菜单中选择"新

建数据库",如图 3.26 所示。

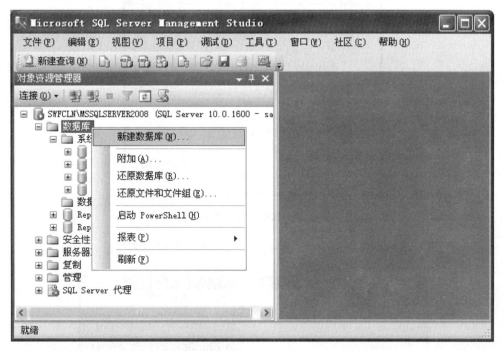

图 3.26　使用 SSMS 建立数据库

②打开新建数据库对话框的"常规"选择页,在数据库名称栏中输入数据库的名称(如:StudScore_DB),设置数据文件和日志文件的名称、位置、文件大小和增长方式等信息,单击"添加"按钮即可添加次要数据文件,如图 3.27 所示。

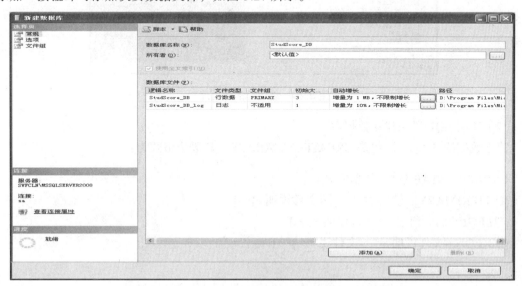

图 3.27　"常规"选择页

③在图 3.27 所示的操作界面中单击数据库文件"自动增长"一栏下的三点按钮,设置数据或日志文件的增长方式,如图 3.28 所示。

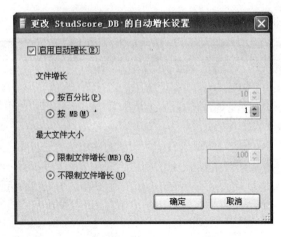

图 3.28　数据库自动增长设置

④ 在图 3.28 所示的操作界面中单击"确定"按钮查看新建的数据库，如图 3.29 所示。

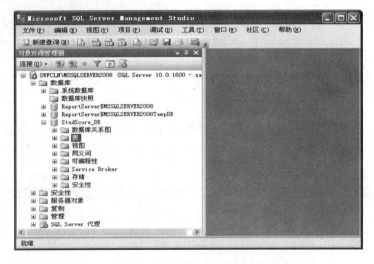

图 3.29　创建好的数据库

（2）使用 SQL 语句建立数据库。

建立数据库的 SQL 语句是 CREATE DATABASE，其语法格式为：

CREATE DATABASE <数据库名>
[ON [PRIMARY] <文件说明> [, <文件说明>]…]
[FILEGROUP <组名> <文件说明> …]
[LOG ON <文件说明> {, <文件说明>}…]

其中：

　　<数据库名>是新建的数据库名称。

　　<文件说明>的语法为：

　　　　（[NAME = <逻辑文件名>，]

　　　　FILENAME='<操作系统文件名>'

[ , SIZE = <初始大小> ]

  [ , MAXSIZE = { <最大文件大小> | UNLIMITED }]

  [ , FILEGROWTH = <文件增加大小> ]　)

<组名>是文件组名。

各参数说明如下：

ON——用来存储数据库数据部分的磁盘文件（数据文件）。该关键字后跟以逗号分隔。主文件组包含所有数据库系统表。还包含所有未指派给用户文件组的对象。主文件组的第一个<filespec>条目成为主文件，该文件包含数据库的逻辑起点及其系统表。一个数据库只能有一个主文件。如果没有指定 PRIMARY，那么 CREATE DATABASE 语句中列出的第一个文件将成为主文件。<filespec>项列表，<filespec>项用以定义主文件组的数据文件。主文件组的文件列表后可跟以逗号分隔的<filegroup>项列表（可选），<filegroup>项用以定义用户文件组及其文件。

n——占位符，表示可以为新数据库指定多个文件。

LOG ON——用来存储数据库日志的磁盘文件（日志文件）。该关键字后跟以逗号分隔的<filespec>项列表，<filespec>项用以定义日志文件。如果没有指定 LOG ON，将自动创建一个日志文件，该文件使用系统生成的名称，大小为数据库中所有数据文件总大小的 25%。

PRIMARY——指定关联的<filespec>列表定义主文件。

NAME——为由<filespec>定义的文件指定逻辑名称。

logical_file_name——用来在创建数据库后执行的 Transact-SQL 语句中引用文件的名称。logical_file_name 在数据库中必须唯一，并且符合标识符的规则。该名称可以是字符或 Unicode 常量，也可以是常规标识符或定界标识符。

FILENAME——为<filespec>定义的文件指定操作系统文件名。

os_file_name——操作系统创建<filespec>定义的物理文件时使用的路径名和文件名。os_file_name 中的路径必须指定 SQL Server 实例上的目录。os_file_name 不能指定压缩文件系统中的目录。

SIZE——指定<filespec>中定义的文件的大小。如果主文件的<filespec>中没有提供 SIZE 参数，那么 SQL Server 将使用 model 数据库中的主文件大小。如果次要文件或日志文件的<filespec>中没有指定 SIZE 参数，则 SQL Server 将使文件大小为 1 MB。

size——<filespec> 中定义的文件的初始大小。可以使用千字节（KB）、兆字节（MB）、千兆字节（GB）或兆兆字节（TB）后缀。默认值为 MB。指定一个整数，不要包含小数位。size 的最小值为 512 KB。如果没有指定 size，则默认值为 1 MB。为主文件指定的大小至少应与 model 数据库的主文件大小相同。

MAXSIZE——指定<filespec>中定义的文件可以增长到的最大大小。

max_size——<filespec>中定义的文件可以增长到的最大大小。可以使用千字节（KB）、兆字节（MB）、千兆字节（GB）或兆兆字节（TB）后缀。默认值为 MB。指定一个整数，不要包含小数位。如果没有指定 max_size，那么文件将增长到磁盘变满为止。

UNLIMITED——指定<filespec>中定义的文件将增长到磁盘变满为止。

FILEGROWTH——指定<filespec>中定义的文件的增长增量。文件的 FILEGROWTH 设置不能超过 MAXSIZE 设置。

growth_increment——每次需要新的空间时为文件添加的空间大小。指定一个整数，不要包含小数位。0 值表示不增长。该值可以用 MB、KB、GB、TB 或百分比（％）为单位指定。如果未在数量后面指定 MB、KB 或%，则默认值为 MB。如果指定%，则增量大小为发生增长时文件大小的指定百分比。如果没有指定 FILEGROWTH，则默认值为 10%，最小值为 64 KB。指定的大小舍入为最接近的 64 KB 的倍数。

### 2. 修改数据库

在 SQL Server 中可以用 ALTER DATABASE 命令来增加或删除数据库中的文件，修改文件的属性。注意：只有数据库管理员或具有 CREATE DATABASE 权限的数据库用户才可以执行此命令。

ALTER DATABASE 命令的语法格式为：

```
ALTER DATABASE databasename
    {ADD FILE <filespec> [, …n] [TO FILEGROUP FILEGROUP_name]
    |ADD LOG FILE <filespec> [, …n]
    |REMOVE FILE logical_file_name [WITH DELETE]
    |ADD FILEGROUP filegroup_name
    |REMOVE FILEGROUP filegroup_name
    |MODIFY FILE <filespec>
    |MODIFY NAME = new_dbname
    |MODIFY FILEGROUP filegroup_name
    }
<filespec>::= (NAME = logical_file_name
            [, NEWNAME = new_logical_name]
            [, FILENAME = 'os_file_name']
            [, SIZE = size]
            [, MAXSIZE = {max_size | UNLIMITED}]
            [, FILEGROWTH = growth_increment] )
```

### 3. 删除数据库

在 SQL Server 中可以用 DROP DATABASE 命令一次删除一个或几个数据库，数据库所有者和数据库管理员 DBA 才有权执行此命令，如果不需要某一个数据库，则可以删除数据库。建议最好备份好数据库之后，再进行删除数据库操作，因为这个操作是无法恢复的。

使用 SSMS 删除数据库的操作非常简单，在对象资源管理器中，选中要删除的数据库，单击鼠标右键，从弹出菜单中选择"删除"选项。

删除数据库还可以使用 DROP 语句，其语法格式为：

DROP DATABASE database_name [, …n]

### 4. 数据库的分离与附加

分离数据库是指将数据库从 SQL Server 实例中删除，但使数据库在其数据文件和事务日志文件中保持不变。之后，就可以使用这些文件将数据库附加到任何 SQL Server 实例中，包括分离该数据库的服务器。用户可以附加复制的或分离的 SQL Server 数据库。附加数据库时，所有数据文件（MDF 文件和 NDF 文件）都必须可用。如果任何数据文件的路径不同于首次创建数据库或上次附加数据库时的路径，则必须指定文件的当前路径。

## 3.3.2　教学案例

【例 3.1】　简单建立一个数据库 examregister，则在 SSMS 中执行下列语句：

CREATE DATABASE examregister

这里创建名为 examregister 的数据库，并创建相应的主文件和事务日志文件。因为该语句中没有文件说明项，所以数据库文件参数使用 model 数据库中参数。

【例 3.2】　创建一个 examregister1 数据库，该数据库的主数据文件逻辑名称为 examregister1_data，物理文件名为 examregister1.mdf，初始大小为 10 MB，最大尺寸为无限大，增长速度为 10%；数据库的日志文件逻辑名称为 examregister1_log，物理文件名为 examregister1.ldf，初始大小为 1 MB，最大尺寸为 5 MB，增长速度为 1 MB。

参考代码：

```
CREATE DATABASE examregister1
  ON    PRIMARY          --建立主数据文件
( NAME = 'examregister1_data', --逻辑文件名
    FILENAME='E：\练习数据\examregister1.mdf ',    --物理文件路径和名字
SIZE=10240KB,              --初始大小
    MAXSIZE = UNLIMITED,    --最大尺寸为无限大
    FILEGROWTH = 10%
)        --增长速度为%
  LOG ON
( NAME='examregister1_log',   --建立日志文件
    FILENAME='F：\练习日志\examregister1.ldf ', --物理文件路径和名字
    SIZE=1024KB,
    MAXSIZE = 5120KB,
    FILEGROWTH = 1024KB
  )
```

【例 3.3】　将两个数据文件和一个事务日志文件添加到 examregister 数据库中。

参考代码：

```
ALTER DATABASE examregister
ADD FILE                    --添加两个次数据文件
(
    NAME=Test1 ,
    FILENAME='E：\练习数据\examregister1.ndf', SIZE = 5MB,
    MAXSIZE = 100MB,
    FILEGROWTH = 5MB
```

```
),
(
    NAME=Test2,
    FILENAME='E：\练习数据\examregister2.ndf', SIZE = 3MB,
    MAXSIZE = 10MB,
    FILEGROWTH = 1MB
)
ALTER DATABASE Test
ADD LOG FILE
(
    NAME=testlog1,    --添加一个次日志文件
    FILENAME='F：\练习日志\examregisterlog1.ldf'，SIZE = 5 MB,
    MAXSIZE = 100MB,
    FILEGROWTH = 5MB
)
```

【例 3.4】 删除 test.mdf 数据库。

参考代码：

DROP DATABASE examregister

### 3.3.3　案例练习

【练习 3.1】 创建一个 examregister2 数据库，该数据库的主数据文件逻辑名称为 examregister2_data，物理文件名为 examregister2.mdf，初始大小为 18 MB，最大尺寸为无限大，增长速度为 8%；数据库的日志文件逻辑名称为 examregister2_log，物理文件名为 examregister2.ldf，初始大小为 4 MB，最大尺寸为 15 MB，增长速度为 2 MB。

【练习 3.2】 将一个数据文件和两个事务日志文件添加到 examregister2 数据库中。

# 本章小结

通过本章的学习，了解了文件和文件组、文件的自动增长、系统数据库、有关数据库的系统表。最后学习了如何建立，修改和删除数据库。分别可以用 SSMS 鼠标键盘以及使用 SQL 语句实现。

# 习　题

一、选择题

1.(　　)是位于用户与操作系统之间的一层数据管理软件，它属于系统软件，它为用户

或应用程序提供访问数据库的方法。数据库在建立、使用和维护时由其统一管理、统一控制。

A. DBMS        B. DB        C. DBS        D. DBA

2. SQL Server 有 4 个系统数据库，下列（　　　）不是系统数据库。

A. master        B. model        C. pub        D. msdb

3. 下列（　　　）不是 sql 数据库文件的后缀。

A. mdf        B.ldf        C. tif        D. ndf    C", 1

4.下列四项中，不正确的提法是（　　　）。

A. SQL 语言是关系数据库的国际标准语言

B. SQL 语言具有数据定义、查询、操纵和控制功能

C. SQL 语言可以自动实现关系数据库的规范化

D. SQL 语言称为结构查询语言

5. 数据库管理系统的英文缩写是（　　　　）

A. DBMS        B. DBS        C. DBA        D. DB

## 二、简答题

1. 什么是主键？

2. SQL server 数据库中，系统有哪几个主要数据库，其功能分别是什么？

# 第4章 表的创建与管理

## 【学习目标】

☞ 掌握数据类型；

☞ 了解什么是表，掌握表的基本结构，列的类型；

☞ 掌握表的创建、删除和修改的方法；

☞ 掌握表数据的插入、删除和修改的方法。

## 【知识要点】

📖 数据类型的概念；

📖 表的概念，表的基本结构，表的列类型；

📖 表的创建、修改和删除的方法；

📖 列的删除、修改和添加；

📖 约束的添加和删除；

📖 单条数据的插入，数据的批量插入；

📖 表数据的删除和修改的方法。

本章内容包括掌握 SQL 数据类型，表的基本知识，要求会使用 CREATE TABLE、ALTER TABLE、DROP TABLE 语句来新建一张表、修改已有表的定义和删除不再使用的表在建立表时，要选择正确的数据类型、长度和存储空间，尤其掌握 char 与 varchar 之间、integer 和 smallint 之间、datetime 与 smalldatetime 之间的差异。熟练掌握在 CREATE TABLE 语句中默认值、约束的含义、作用和建立方法。包括 NOT NULL、UNIQUE、PRIMARY KEY、FOREIGN KEY 和 CHECK 的用法。

在建立表之前，首先介绍一些关于数据类型的基本概念。

## 4.1 数据类型

在计算机中数据有两种特征类型和长度，所谓数据类型就是以数据的表现方式和存储方式来划分的数据的种类。在 SQL Server 中，每个列、局部变量、表达式和参数都具有一个相关的数据类型。数据类型是一种属性，用来设定某一个具体列保存数据的类型。可分为整数数据、字符数据、货币数据、日期和时间数据、二进制字符串等。

### 4.1.1 数值型

数值型的数据类型用于表示数字，一般常用的格式为：numeric（n, d），其中，n 是精度，表示小数点左边和右边的十进制最大的个数，这里不包括小数点；d 是小数位数，表示在小数点右边的小数部分的位数。这是数据库中最通用的表示数值的形式，还有一种格式与它相同，格式为：decimal（n，d）。

例如，表示职工工资可以使用 numeric（10，2）数据类型，单位为人民币元，这表示小数部分为 2 位，也就是表示到分；它可以表示的最大值是 99999999.99，这已经达到了九千九百多万了，显然在现实生活中一个职工的月工资不会达到那么多，则可以根据实际情况使用 numeric（8，2）或 numeric（7，2）。

有时候可能只需要一个整数，例如，考试成绩是百分制的，则可以使用 numeric（3，0），这样在存储上比较浪费，所以数据库还设置了一些常用的数值类型。

### 1. 整型数值类型（见表 4.1）

表 4.1　整型数据类型

| 数据类型 | 数据范围 | 所占字节 | 说　明 |
|---|---|---|---|
| bigint | $-2^{63}$ ～（$2^{63}-1$） | 8 字节 | 存储 $-2^{63}$ ～（$2^{63}-1$）之间的整数 |
| int | $-2^{31}$ ～（$2^{31}-1$） | 4 字节 | $-2^{31}$ ～（$2^{31}-1$）之间的整数 |
| smallint | $-2^{15}$ ～（$2^{15}-1$） | 2 字节 | $-2^{15}$ ～（$2^{15}-1$）之间的整数 |
| tinyint | 0～255 | 1 字节 | 存储 0～255 之间的整数 |
| Bit | 0、1、空值 | 1bit，占 1 字节 | 存储 Yes 或 No、True 或 False、On 或 Off |

### 2. 精确浮点型（见表 4.2）

表 4.2　精确浮点型

| 数据类型 | 数据范围 | 所占字节 | 说　明 |
|---|---|---|---|
| numeric[（p[，s]）] | （$-10^{38}+1$）～（$10^{38}-1$） | 1～9 位数使用 5 字节；<br>10～19 位数使用 9 字节；<br>20～28 位数使用 13 字节；<br>29～38 位数使用 17 字节 | 必须指定范围和精度。范围是小数点左右所能存储的数字的总位数；精度是小数点右边存储的数字的位数 |
| decimal[（p[，s]）] | （$-10^{38}+1$）～（$10^{38}-1$） | 与 numeric 相同 | decimal 数据类型与 numeric 型相同 |

### 3. 近似浮点型（见表 4.3）

表 4.3　近似浮点型

| 数据类型 | 数据范围 | 所占字节 | 说　明 |
|---|---|---|---|
| float[（n）] | （-1.79E+308）～（1.79E+308） | n 为 1～24，7 位数，4 字节；<br>n 为 25～53，15 位数，8 字节 | 近似浮点数在其范围内不是所有的数都能精确表示 |
| real | （-3.50E+38）～（3.50E+38） | 4 字节 | real 数据类型同 Float（24） |

## 4.1.2　字符数据类型

现在的数据库系统都支持两种类型的串：字符串、二进制串。字符串就是可以显示的串，一般表示文本内容。二进制串是以计算机系统内部格式表示的数据对象，它需要相关软件进行解释和处理，例如图像、声音、视频等多媒体信息。 我们这里主要介绍字符串。

一般字符串的表示格式为：char（n）。表示一个字符串，n 是字符串中字符的个数。例如，我们要存储职工姓名，因为一般名字最多 3 个汉字，当然现在 4 个汉字的姓名也比较多，要把这些情况包括进去最好的格式为：char（8），该定义了存储时要存储 8 个字节，即使存储两个汉字（4 个字节），那么剩下的 4 个字节也要使用空格填满。为了解决存储空间的问题，数据库系统又引入了下列字符类型：varchar（n），它表示一个变长的字符串。

与 char 相比，varchar 类型的数值按照实际长度进行存储。例如，使用 varchar（8）表示职工姓名，如果现在存储职工"张三"，则按照实际数据的长度（2 个汉字，即 4 个字节）来存储。如果使用 char（8），则要存储 8 个字节。

text 定义了一个最多可以为 2 GB 的定长字符，常用于存储大量文本块。数据库系统一般把这种数据类型作为多媒体信息单独处理。SQL Server 还提供了 nchar、nvarchar、ntext，详见表 4.6 和表 4.7。

**1. 字符数据类型（见表 4.4）**

表 4.4　字符数据类型

| 数据类型 | 数据范围 | 所占字节 | 说　　明 |
|---|---|---|---|
| char | 1~8 000 字符 | 1 个字符 1 字节，为固定长度 | 存储定长字符数据 |
| varchar | 1~8 000 字符 | 1 个字符 1 字节，存多占多 | 存储变长字符数据 |
| text | 1~（$2^{31}$-1）字符 | 1 个字符 1 字节，最大 2 GB | 存储 $2^{31}$-1 或 20 亿个字符 |

**2. Unicode 字符类型（见表 4.5）**

表 4.5　Unicode 字符数据类型

| 数据类型 | 数据范围 | 所占字节 | 说　　明 |
|---|---|---|---|
| nchar | 1~4 000 字符 | 1 个字符 2 字节，为固定长度 | 用双字节结构来存储定长统一编码字符型数据 |
| nvarchar | 1~4 000 字符 | 1 个字符 2 字节，存多占多 | 用双字节结构来存储变长的统一编码字符型数据 |
| ntext | 1~（$2^{30}$-1）字符 | 1 个字符 2 字节，最大 2 GB | 存储 $2^{30}$-1 或 10 亿个字符 |

## 4.1.3　日期和时间数据类型

对于日期和时间类型，不同数据库系统有不同的处理方式。SQL Server 支持下列的日期和时间类型：

datetime 以 8 个字节的整数形式存储日期和时间值。从 1753 年 1 月 1 日至 9999 年 12 月 31 日的日期。

smalldatetime 以 4 个字节的整数形式存储日期和时间值。使用 smalldatetime 数据类型存储从 1900 年 1 月 1 日至 2079 年 6 月 6 日的日期。

其余日期时间类型见表 4.6。

表 4.6　日期时间数据类型

| 数据类型 | 格　式 | 范　围 | 所占字节 | 精确度 |
|---|---|---|---|---|
| Time | Hh：mm：ss[，nnnnnnn] | 00：00：00.0000000 ~ 23：59：59.9999999 | 3 ~ 5 | 100 ns |
| date | YYYY-MM-DD | 0001-01-01 ~ 9999-12-31 | 3 | 1 天 |
| smalldatetime | YYYY-MM-DD<br>hh：mm：ss | 1900-01-01 ~ 2079-06-06 | 4 | 1min |
| datetime | YYYY-MM-DD<br>hh：mm：ss[.nnn] | 1753-01-01 ~ 9999-12-31 | 8 | 0.003 33 s |
| datetime2 | YYYY-MM-DD<br>hh：mm：ss[.nnnnnnn] | 0001-01-01 00：00：00.0000000 ~<br>9999-12-31 23：59：59.9999999 | 6 ~ 8 | 100 ns |
| datetimeoffset | YYYY-MM-DD<br>hh：mm：ss[.nnnnnnn]<br>[+|-]hh：mm | 0001-01-01 00：00：00.0000000 ~ 9999-12-31<br>23：59：59.9999999（以 UTC 时间表示） | 8 ~ 10 | 100 ns |

## 4.1.4　货币数据类型

如果把工资表示为 numeric（8，2），说明表示的最大值为 999999.99，也就是说，最大月工资是九十九万九千多，SQL 提供了货币型数据，见表 4.7。

表 4.7　货币数据类型

| 数据类型 | 数据范围 | 所占字节 | 说　　明 |
|---|---|---|---|
| money | $-2^{63}$ ~ （$2^{63}$-1） | 8 字节 | money 数据类型用来表示钱和货币值。这种数据类型能存储 -9 220 亿 ~ 9 220 亿的数据，精确到货币单位的万分之一 |
| smallmoney | $-2^{31}$ ~ （$2^{31}$-1） | 4 字节 | smallmoney 数据类型用来表示钱和货币值。这种数据类型能存储 -214 748.364 8 ~ 214 748.364 7 的数据，精确到货币单位的万分之一 |

所以工资的最好表示数据类型是 smallmoney。

# 4.2　表的基本操作

## 4.2.1　知识点

### 1. 表的基本概念

学生表见表 4.8，该表格对应数据库中的一张表，表名为 "stu"，表格的每一列在表中称为 "字段"，表格的行在表中称为 "记录"。一张表格与数据库中的表有如下的对应关系。

表格的列说明了这个表格的组成关系，表的字段形成了表的结构。表格的列有宽度限制，有不同的数据类型。

表 4.8　学生表（stu）

| 序号 | 学校代码 | 学校名称 | 班级代码 | 姓名 | 性别 | 身份证号 | bz |
|------|---------|---------|---------|------|------|---------|-----|
| 1 | 580001 | 遂宁一中 | 10 | 唐某一 | 女 | ********9502145967 | |
| 2 | 580001 | 遂宁一中 | 10 | 王某 | 男 | ********9512058939 | |
| 3 | 580001 | 遂宁一中 | 10 | 邓某 | 男 | ********9608079013 | |
| 4 | 580001 | 遂宁一中 | 10 | 何某 | 男 | ********9601075394 | |
| 5 | 580001 | 遂宁一中 | 10 | 廖某 | 男 | ********9502060277 | |
| 6 | 580001 | 遂宁一中 | 10 | 文某 | 男 | ********9501288851 | |
| 7 | 580001 | 遂宁一中 | 10 | 张某 | 男 | ********9708150315 | |
| 8 | 580001 | 遂宁一中 | 10 | 代某 | 女 | ********9506155943 | |
| 9 | 580001 | 遂宁一中 | 10 | 刘某 | 女 | ********9508143129 | |
| 10 | 580001 | 遂宁一中 | 10 | 唐某二 | 男 | ********9604219154 | |
| 11 | 580001 | 遂宁一中 | 10 | 李某 | 女 | ********9406216307 | |
| 12 | 580001 | 遂宁一中 | 10 | 苏某 | 女 | ********9408300684 | |

### 2. 使用 SSMS 建立表操作

（1）使用 SSMS 建立数据表。

① 展开新建的数据库"examregister"→选中"表"→单击鼠标右键选择"新建表"。如图 4.1 所示。

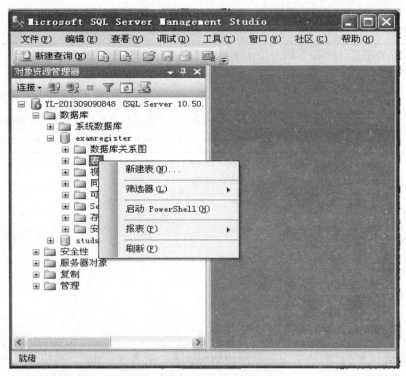

图 4.1　新建表

② 在打开的设计表操作界面中输入数据表字段信息，这里以区县信息表 AreaInfo 为例，其数据表结构见表 4.9。

表 4.9 区县信息表

| 序号 | 列名 | 数据类型 | 长度 | 主键 | 允许空 | 默认值 | 说明 |
|------|------|---------|------|------|--------|--------|------|
| 1 | areaID | char | 4 | 是 | 否 | | 区县编号，4 位数 |
| 2 | areaName | varchar | 20 | | 否 | | 区县名 |

在列名一栏中输入数据表字段名称，输入或选择数据类型，设置字段长度，选中第一行，单击鼠标右键，弹出快捷菜单，设置 stuID 为主键字段，如图 4.2 所示。

图 4.2 设置主键

若要设置约束，则可选中需要设置约束的行，单击鼠标右键，在弹出的快捷菜单中选择"CHECK 约束"进行设置，如图 4.3 所示。

图 4.3 设置约束

③ 输入完成数据表字段信息后，单击"保存"按钮，输入数据表名称如 AreaInfo，展开对象资源管理器可查看新建的区县学生信息表 AreaInfo，如图 4.4 所示。

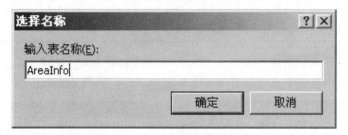

图 4.4　保存表区县信息表

（2）修改数据表。

对于已创建的数据表，如果表的结构不满足要求，可以选中需要修改的数据表（如：AreaInfo），单击鼠标右键，选择"设计"菜单则可（见图 4.5），则打开数据表结构修改界面，修改相应的字段信息，单击"保存"按钮即可完成数据表结构的修改。

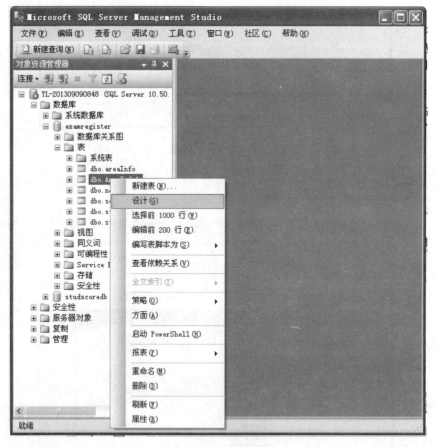

图 4.5　修改数据表

（3）删除数据表。

对于不需要的数据表，需要删除以节省磁盘空间。选中需要删除的数据表如：AreaInfo ），单击鼠标右键，选择"删除"菜单，打开"删除象"对话框，单击"确定"按钮即可删除数据表。

（4）编辑数据表记录。

① 添加记录。

a. 单击鼠标选择新建的数据表（AreaInfo），单击鼠标右键→单击"编辑前 200 行"，如图 4.6 所示。

图 4.6 添加记录 1

b. 在打开的区县信息表（AreaInfo）中添加记录，输入区县学生信息表示例数据，如图 4.7 所示。

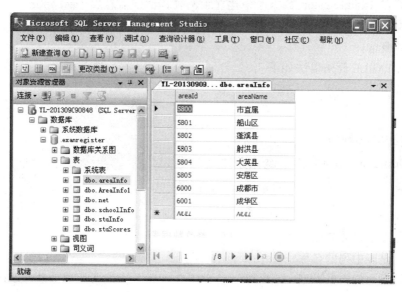

图 4.7 添加记录 2

② 删除记录。

鼠标单击记录前的小方框选中学校编号为"5800"整条记录，单击鼠标右键选择"删除"命令删除记录即可，如图 4.8 所示。

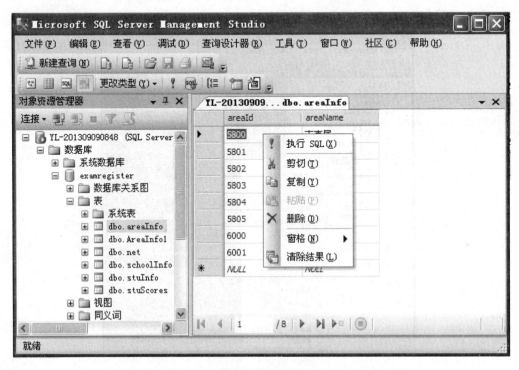

图 4.8　删除记录

## 3. 使用 SQL 建立表

这里我们在 examregister 数据库中建立示例表：学校信息表（schoolInfo）、学生信息表（stuInfo）、区县信息表（areaInfo）和学生成绩表（stuScores），通过这些表的建立依次介绍默认值、约束的概念。

CREATE TABLE 简洁语法如下：

CREATE TABLE <表名>
(
　　<列名称> <列类型> <列说明>…,
　　[ constraint <约束名称> <约束条件>]
)

其中：

　　<表名>是新建表的名称。

　　<列名称>是表中列的名称。

　　<列类型>是列的数据类型，它既可以是 SQL Server 系统数据类型，也可以是用户定义的数据类型。

<列说明>说明列长度、列的默认值、主键等有关该列的约束条件。

<约束名称>是表中所建立约束的名称，它在数据库中是唯一的。

<约束条件>是约束条件的具体内容。

约束自动增强数据的完整性，也就是说，通过规则的定义，确定列中所允许的数据值。对于一个列的约束称为列约束，它仅约束这一列的值。例如，在性别列中，只允许取男、女两个值。对于两个或者多个列的约束称为表约束。

约束有下列类型：

（1）主键约束（PRIMARY KEY）：保证该列是表的主键。

（2）外键约束（FOREIGN KEY）：保证该列是表的外键。

（3）空值约束（NULL）：该列是否允许为空值。

（4）唯一约束：保证该列不允许出现重复值，也就是说，列值的唯一性。

（5）检查约束（CHECK）：限制列中允许的取值以及多个列之间的关系。

关于主键等有关某一列的约束条件既可以在<列说明>中定义，也可以在<约束条件>中说明。关于一张表中外键等涉及多个列的约束条件必须在<约束条件>定义。

## 4. 更改表定义

在一张表建立之后，如果发现有不妥之处，则可以更改表的定义。更改表定义的操作有两种方式：使用 SSMS 直接更改或使用 SQL 语句。

由于使用 SSMS 直接修改表定义与建立新表操作非常类似，这里不再赘述。

ALTER TABLE 语句的简洁语法如下：

ALTER TABLE <表名>
{      ADD <列说明>
    |    DROP COLUMN <列名>
    |    ALTER COLUMN <列说明>
    |    ADD   <约束说明>
    |    DROP <约束>
}

从这里可以看出，使用 ALTER TABLE 语句可以完成增加列、删除列、修改列、增加约束、删除约束等操作。

重新命名列名称，要使用下列语句：

SP_RENAME '<表名>.<原来列名>', '<新列名>', 'COLUMN'

## 5. 删除表

当删除表时，则该表的定义和数据以及与该表相关的数据库对象（索引、约束等）都被删除。如果要删除的表被其他表外键约束，则该表不允许删除。例如，在没有删除区县信息表（areaInfo）的情况下，不能删除学校信息表（schoolInfo）。

DROP TABLE 语句的简洁语法如下：

DROP TABLE <表名>

## 4.2.2 教学案例

【例 4.1】 建立区县信息表（见表 4.10）。

表 4.10 区县信息表（areaInfo）

| 序号 | 列名 | 数据类型 | 长度 | 主键 | 允许空 | 默认值 | 说明 |
|------|------|----------|------|------|--------|--------|------|
| 1 | areaId | char | 4 | 是 | 否 | | 区县编号，4 位数 |
| 2 | areaName | varchar | 20 | | 否 | | 区县名 |

主键（PRIMARY KEY）是表中唯一标识一行的一个列或者多个列，并且主键列不允许为空值。一张表只能有一个主键，作为主键的列可以是一列，也可以是多个列。

定义主键有两种形式，格式为：

<列名称> <列类型> <列说明> CONSTRAINT <主键名称>PRIMARY KEY

这里设计的列类型都是字符型。其中第一个区县编号 areaId 是主键。注意约束名称在数据库中是唯一的。

该表完整定义如下：

create table areaInfo

(

areaId char (4) not null primary key,

areaName varchar (20) not null

)

【例 4.2】 建立学校信息表（schoolInfo）（见表 4.11）。

表 4.11 学校信息表（schoolInfo）

| 序号 | 列名 | 数据类型 | 长度 | 主键 | 允许空 | 默认值 | 说明 |
|------|------|----------|------|------|--------|--------|------|
| 1 | schId | char | 6 | 是 | 否 | | 学校编号，6 位数 |
| 2 | schName | varchar | 20 | | 否 | | 学校姓名 |
| 3 | areaId | char | 4 | | 否 | | 区县代码如 5801，参照 areaInfo 的 areaId |

（1）外键约束。

外键约束的表现形式是 FOREIGN KEY。外键说明了两张表之间的联系。一张表的外键由一个列或者多个列所组成，并且它（们）是另外一张表的主键或者 UNIQUE 约束列。此表中 areaId 是表 AreaInfo 中的外键。

定义外键的形式如下：

CONSTRAINT <外键名称> FOREIGN KEY (<作为外键的列>)

REFERENCES <参照表> (<参照列>)

学校信息的区县编号作为外键并且参照区县信息表的学校编号定义如下：

areaId char (4) FOREIGN KEY (areaId) REFERENCES areaInfo (areaId)

在学校信息表上建立了外键，那么当往学校信息表插入数据时，areaId 列的取值要来自区县信息表中的 areaId 值，否则插入不成功。

当区县信息表要删除数据时，首先要检查学校信息表，如果还有要删除的学校，则需要明确判定如何操作，一般是不允许删除。

（2）空值约束。

空值约束表现形式为 NULL 或者 NOT NULL。例如，在学校信息表 schoolInfo 中，学校 ID 不允许取空值（主键不允许为空），但是如果部门所在地没有确定的话，则可以取空值。对应到表定义中学校编号也可写为：

schId nchar (6) PRIMARY KEY not null,

该表完整定义如下：

CREATE TABLE schoolInfo

(

schId char (6) PRIMARY KEY NOT NULL,

schName varchar (20) not null,

areaId char (4) FOREIGN KEY (areaId) REFERENCES areaInfo (areaId)

)

【例 4.3】 建立学生信息表（stuInfo）（见表 4.12）。

表 4.12 学生信息表 stuInfo

| 序号 | 列名 | 数据类型 | 长度 | 主键 | 允许空 | 默认值 | 说明 |
|------|------|----------|------|------|--------|--------|------|
| 1 | autoId | int | 4 | 是 | 否 | | 标识，自动增长 |
| 2 | schId | char | 6 | | 否 | | 学校代码如 580101，参照 schoolInfo 的 schId |
| 3 | stuIdentity | char | 18 | | 否 | | 身份证号码 |
| 4 | stuName | varchar | 10 | | 否 | | 学生姓名 |
| 5 | stuPwd | char | 6 | | 否 | | 学生登陆密码（默认为身份证后 6 位） |
| 6 | classId | char | 2 | | 否 | ('01') | 班级 |
| 7 | stuSex | char | 2 | | 否 | ('男') | 性别 |
| 8 | applyNum | char | 10 | | 是 | | 准考证号 |
| 9 | examNum | char | 10 | | 是 | | 准考证号 |
| 10 | stuId | varchar | 14 | | 是 | | 学号 |
| 11 | remark | varchar | 50 | | 是 | | 备注 |

（1）默认值。

此表中，班级默认值为'01'，性别默认值为'男'，户口类型默认值为'1'。

SQL 中使用 default 设置默认值，对性别的定义如下：

stuSex char (2) NOT NULL DEFAULT '男',

（2）检查约束。

检查约束的表现形式是 CHECK。CHECK 约束用于限制列的取值范围。在本表中，性别检查约束为男或者女，正确的定义为：

stuSex char (2) NOT NULL DEFAULT '男' CHECK (stuSex in ('男', '女')),

该表完整定义如下：

CREATE TABLE stuInfo

(

autoId int PRIMARY KEY not null identity (1, 1),

schId char (6) FOREIGN KEY (schId) REFERENCES SchoolInfo (schId),

stuIdentity char (18) NOT NULL,

stuName varchar (10) NOT NULL,

stuPwd char (6) NOT NULL,

ClassId char (2) NOT NULL DEFAULT '01',

stuSex char (2) NOT NULL DEFAULT '男' CHECK (stuSex in ('男', '女')),

applyNum char (10),

examNum char (10),

stuId varchar (14),

remark text

)

【例 4.4】 建立学生成绩表（见表 4.13）。

表 4.13 学生成绩表（stuScores）

| 序号 | 列名 | 数据类型 | 长度 | 主键 | 允许空 | 默认值 | 说明 |
|---|---|---|---|---|---|---|---|
| 1 | stuIdentity | char | 18 | 是 | 否 | | |
| 2 | schId | char | 6 | 否 | 否 | | 学校编号，6 位数 |
| 3 | Yw | tinyint | | 否 | 否 | 0 | |
| 4 | Sx | tinyint | | 否 | 否 | 0 | |
| 5 | yy | tinyint | | 否 | 否 | 0 | |
| 6 | Wl | tinyint | | 否 | 否 | 0 | |
| 7 | Hx | tinyint | | 否 | 否 | 0 | |
| 8 | total | int | | | | | 计算列，Convert（int, cast（yw as int）+cast（sx as int）+cast（yy as int）+cast（wl as int）+cast（hx as int）） |

在该表中，设定学生的语文、数学等各科成绩默认值为 0，约束为 0～100 之间的成绩。默认值为 default，设定学生成绩默认为 0 分，检查约束的表现形式是 CHECK。CHECK 约束用于限制列的取值范围。例如，限制学生语文 yw 取值默认为 0，取值范围为 0～100，则正确的 SQL 语句为：

YW tinyint default (0) CHECK（yw>=0 and yw<=100）

该表完整定义如下：

```
CREATE TABLE stuScores
(
stuIdentity stuId char (18) PRIMARY KEY，
schId char (6) FOREIGN KEY (schId) REFERENCES schoolInfo (schId)，
Yw tinyint default (0) CHECK (yw>=0 and yw<=100)
Sx tinyint default (0) CHECK (yw>=0 and yw<=100)
Yy tinyint default (0) CHECK (yw>=0 and yw<=100)
Wl tinyint default (0) CHECK (yw>=0 and yw<=100)
Hx tinyint default (0) CHECK (yw>=0 and yw<=100)
Total int CONVERT (int，cast (yw as int) +cast (sx as int) +cast (yy as int) +cast (wl as int)
+cast (hx as int))
)
```

唯一约束的表现形式是 UNIQUE，这个约束保证一列或者一组列中不允许有重复值。但要特别注意：它与 PRIMARY KEY（主键）有区别，主键不允许有空值。UNIQUE 列允许有空值。

【例 4.5】 更改列定义：把学校信息表（schoolInfo）中 schName 中的 20 个字符改为 30 个字符，则执行下列 SQL 语句：

```
ALTER TABLE schoolInfo
ALTER COLUMN schName char (30) NOT NULL
GO
```

【例 4.6】 增加列定义：在学校信息表中增加一列，列名为 bz（备注），类型为字符型，50 个字符，允许为空值，则执行下列 SQL 语句：

```
ALTER TABLE schoolInfo
ADD bz nvarchar (50) NULL
GO
```

【例 4.7】 增加一个约束：在学生信息表（stuInfo）中要增加一个约束，说明学生班级只能在'01'或'02'班，则执行下列语句：

```
ALTER TABLE stuInfo
    ADD CONSTRAINT classId_check
        CHECK (classId='01' or classId='02')
GO
```

【例 4.8】 在 ALTER TABLE 中使用 DROP 子句可以删除任何一个已有约束。

删除一个约束：删除刚才建立的约束 rq_check，则执行下列语句：

```
ALTER TABLE stuInfo
    DROP CONSTRAINT classId_check
GO
```

注意：ALTER TABLE 语句能够从表中删除列，被删除列的数据也被删除了。

【例 4.9】 删除列定义：把学校信息表中新加的列 bz 删除，则执行下列语句：

```
ALTER TABLE schoolInfo
    DROP COLUMN zzrq
GO
```

【例 4.10】 重命名列。

重新命名列名称：把学校信息表 areaId 重新命名为 areaID1，则执行下列语句：

```
SP_RENAME 'schoolInfo.areaId', 'areaId1', 'column'
GO
```

删除学生信息表，则执行下列语句：

```
DROP TABLE schoolInfo
GO
```

SSMS 返回的信息是：未能除去对象'schoolInfo'，因为该对象正由一个 FOREIGN KEY 约束引用。

这说明外键在起作用。如果非要删除学校信息表（schoolInfo），则正确的做法是：

首先删除区县信息表，执行语句：DROP TABLE areaInfo。再删除学校学生信息表 stuInfo，执行语句：DROP TABLE schoolInfo。

这里特别提醒：一旦删除操作成功，表的定义和数据都将被永久删除，所以建议在删除表之前，必须做好被删除表的备份。

### 4.2.3 案例练习

【练习 4.1】 建立区县信息表（见表 4.14）。

表 4.14 区县信息表（areaInfo）

| 序号 | 列名 | 数据类型 | 长度 | 主键 | 允许空 | 默认值 | 说明 |
|---|---|---|---|---|---|---|---|
| 1 | areaId | char | 4 | 是 | 否 | | 区县编号，4 位数 |
| 2 | areaName | varchar | 20 | | 否 | | 区县名 |

【练习 4.2】 更改列定义：把区县信息表 areaInfo 中 areaName 的 20 个字符改为 30 个字符。

## 4.3 表的数据操作

数据中表的操作称为 DML 操作，主要包括数据的插入、删除和修改。

### 4.3.1 知识点

**1. 数据插入**

INSERT INTO 表名（列名，列名⋯）VALUES（值，值⋯）

**2. 数据批量插入**

INSERT INTO 表名（列名，列名…）

    SELECT 列，列…FROM 表名

**3. 数据删除**

（1）删除部分或所有记录：DELETE FROM 表名 [WHERE 条件]

（2）清除整个表的内容：TRUNCATE TABLE 表名

**4. 数据修改**

UPDATE 表名 SET 列名 1=值 1[，列名 2=值 2… WHERE 条件]

## 4.3.2 教学案例

【例 4.11】 给学校信息表插入数据。

INSERT INTO schoolInfo VALUES（'000001'，'遂宁第一中学'，'5801'）

INSERT INTO schoolInfo VALUES（'000002'，'遂宁第二中学'，'5801'）

INSERT INTO schoolInfo VALUES（'000003'，'遂宁第三中学'，'5801'）

【例 4.12】 构造一张相同结构类型的学校信息表，实现数据的批量插入。

首先创建一张跟 schoolInfo 结构相同的表 schoolInfobk

CREATE TABLE schoolInfobk

(

schId char (6) PRIMARY KEY NOT NULL,

schName varchar (20) NOT NULL,

areaId char (4) NOT NULL

)

将 schoolInfo 表数据整体查询插入到 schoolInfobk 表，执行下列语句：

INSERT INTO schoolInfobk

    SELECT * FROM   schoolInfo

或

INSERT INTO schoolinfobk (schId，chname，areaId)

SELECT schId，chname，areaId FROM schoolinfo

【例 4.13】 删除学校信息表 schoolinfo 中的所有数据。

DELETE   *   FROM   schoolinfo

【例 4.14】 删除学校信息表 schoolinfo 中学校代码为'5801'的所有数据。

DELETE FROM products WHERE areaId='5801'

注意：DELETE 仅删除数据，不会影响表结构。即使数据全部删除，表结构依然保留。

【例 4.15】 直接清空整个 schoolInfo 表。

TRUNCATE TABLE   schoolInfo

TRUNCATE TABLE   schoolInfo <==>     DELETE FROM schoolInfo

TRUNCATE TABLE 与 DELETE 不带条件的删除区别在于：前者删除数据时不写入日志，一旦清空，数据不能恢复；后者删除时一条一条进行，会写入日志，可以恢复。两者删除时都不影响表结构。

【例 4.16】 将学校信息表 schoolInfo 中的 schName 为'遂宁一中'修改为'遂宁市第一中学'。

UPDATE schoolInfo SET schName='遂宁市第一中学' WHERE schName='遂宁一中'

### 4.3.3 案例练习

【练习 4.3】 给学校信息表和学生信息表分别插入 10 条数据。

# 本章小结

通过本章的学习，掌握了 SQL 中的数据类型、建立表结构以及向表中插入数据，同时介绍了数据表的管理操作（更改、删除），本章以建立示例数据库（学校信息表、学生信息表、区域表以及学生成绩表）的操作为主线，最终建立好以后各章使用的示例数据库。

# 上机实训

1. 打开 SQL Server Management Studio，创建数据库 examregister。
2. 在第 1 题的基础上，创建表 4.15 ~ 4.18。

表 4.15　区县信息表（areaInfo）

| 序号 | 列名 | 数据类型 | 长度 | 主键 | 允许空 | 默认值 | 说明 |
|---|---|---|---|---|---|---|---|
| 1 | areaId | char | 4 | 是 | 否 | | 区县编号，4 位数 |
| 2 | areaName | varchar | 20 | | 否 | | 区县名 |

表 4.16　学校信息表（schoolInfo）

| 序号 | 列名 | 数据类型 | 长度 | 主键 | 允许空 | 默认值 | 说明 |
|---|---|---|---|---|---|---|---|
| 1 | schId | char | 6 | 是 | 否 | | 学校编号，6 位数 |
| 2 | schName | varchar | 20 | | 否 | | 学校姓名 |
| 3 | areaId | char | 4 | | 否 | | 区县代码如 5801，参照 areaInfo 的 areaId |

表 4.17　学生信息表（stuInfo）

| 序号 | 列名 | 数据类型 | 长度 | 主键 | 允许空 | 默认值 | 说明 |
|---|---|---|---|---|---|---|---|
| 1 | autoId | int | 4 | 是 | 否 | | 标识，自动增长 |
| 2 | schId | char | 6 | | 否 | | 学校代码如 580101，参照 schoolInfo 的 schId |
| 3 | stuIdentity | char | 18 | | 否 | | 身份证号码 |
| 4 | stuName | varchar | 10 | | 否 | | 学生姓名 |
| 5 | stuPwd | char | 6 | | 否 | | 学生登陆密码（默认为身份证后 6 位） |
| 6 | classId | char | 2 | | 否 | （'01'） | 班级 |
| 7 | stuSex | char | 2 | | 否 | （'男'） | 性别 |
| 8 | applyNum | char | 10 | | 是 | | 准考证号 |
| 9 | examNum | char | 10 | | 是 | | 准考证号 |
| 10 | stuId | varchar | 14 | | 是 | | 学号 |
| 11 | remark | varchar | 50 | | 是 | | 备注 |

表 4.18　学生成绩表（stuScores）

| 序号 | 列名 | 数据类型 | 长度 | 主键 | 允许空 | 默认值 | 说明 |
|---|---|---|---|---|---|---|---|
| 1 | stuIdentity | char | 18 | 是 | 否 | | |
| 2 | schId | Char | 6 | 否 | 否 | | 学校编号，6 位数 |
| 3 | Yw | tinyint | | 否 | 否 | 0 | |
| 4 | Sx | tinyint | | 否 | 否 | 0 | |
| 5 | yy | tinyint | | 否 | 否 | 0 | |
| 6 | Wl | tinyint | | 否 | 否 | 0 | |
| 7 | Hx | tinyint | | 否 | 否 | 0 | |
| 8 | total | int | | | | | 计算列，Convert（int，cast（yw as int）+cast（sx as int）+cast（yy as int）+cast（wl as int）+cast（hx as int）） |

3. 在第 2 题的基础上，分别为每个表添加 5 条记录。

# 第5章　查　询

【学习目标】

☞ 了解什么是查询；

☞ 掌握简单 SELECT 语句的用法；

☞ 掌握条件查询语句的用法；

☞ 掌握分类查询语句的用法；

☞ 掌握聚合函数的用法；

☞ 掌握连接查询的用法；

☞ 掌握子查询的用法；

☞ 掌握视图的创建。

【知识要点】

📖 SELECT 语句用法；

📖 条件查询语句用法；

📖 分类查询语句用法；

📖 聚合函数以及子查询的用法；

📖 视图的定义及其使用。

## 5.1　SQL 简单查询

### 5.1.1　知识点

#### 1. SQL 简介

SQL 语言是一种用于存取和查询数据，更新并管理关系数据库系统的数据查询和编程语言。1992 年 ISO（国际标准化组织）和 IEC（国际电子技术委员会）共同发布了名为 SQL—92 的 SQL 国际标准。ANSI（美国国家标准局）在美国发布了相应的 ANSL SQL—92 标准，该标准也称 ANSI SQL。尽管不同的关系数据库使用各种不同的 SQL 版本，但多数都按 ANSI SQL 标准执行。SQL Server 使用 ANSI SQL—92 的扩展集，即通常所说的 Transact-SQL，简写为 T-SQL，它是对标准 SQL 程序语言的增强，是用于应用程序和 SQL Server 之间通信的主要语言。

　　SQL 语言结构简洁，功能强大，简单易学，自从 IBM 公司 1981 年推出以来，SQL 语言得到了广泛的应用。Oracle，Sybase，Informix，SQL Server 大型的数据库管理系统，Visual Foxpro，PowerBuilder 微机上常用的数据库开发系统，都支持 SQL 语言作为查询语言。

　　SQL 语言集数据定义语言（DDL）、数据操作语言（DML）和数据控制语言（DCL）功能于一体，充分体现了关系数据库语言的特点和优点。

（1）数据定义语言（DDL）。

DDL 用来定义和管理数据库、表和视图这样的数据对象。通常包括每个对象的 CREATE、ALTER 和 DROP 命令。

（2）数据操作语言（DML）。

DML 用于查询和操作数据，它使用 SELECT、INSERT、UPDATE、DELETE 语言。这些语句允许用户查询数据、插入数据行、修改表中的数据、删除表中的数据行。

（3）数据控制语言（DCL）。

DCL 用于控制对数据库对象操作的权限，它使用 GRANT 和 REVOKE 语句对用户或用户组授予或回收数据库对象的权限。

### 2. SQL 简单查询语句

SQL 语言使用 SELECT 语句来实现数据的查询，并按用户要求检索数据，将查询结果以表格的形式返回。

（1）SELECT 语句精简结构。

SELECT 查询语句功能强大，语法较为复杂，下面介绍 SELECT 语句精简结构。

语法：

SELECT select_list

[INTO new_table_name]

FROM table_list

[WHERE search_conditions]

[GROUP BY group_by_list]

[HAVING search_conditions]

[ORDER BY order_list [ASC | DESC]]

参数：

① select_list：表示需要检索的字段的列表，字段名称之间使用逗号分隔。在这个列表中不但可以包含数据源表或视图中的字段名称，还可以包含其他表达式，例如常量或 Transact-SQL 函数。如果使用*来代替字段的列表，那么系统将返回数据表中的所有字段。

② INTO new_table_name：该子句将指定使用检索出来的结果集创建一个新的数据表。New_table_name 为这个新数据表的名称。

③ FROM table_list：使用这个句子指定检索数据的数据表的列表。

④ GROUP BY group_by_list：GROUP BY 子句根据参数 group_by_list 提供的字段将结果集分成组。

⑤ HAVING search_conditions：HAVING 子句是应用于结果集的附加筛选，search_conditions 将用来定义筛选条件。从逻辑上讲，HAVING 子句将从中间结果集对记录进行筛选，这些中间结果集是用 SELECT 语句中的 FROM、WHERE 或 GROUP BY 子句创建的。

⑥ ORDER BY order_list[ASC|DESC]：ORDER BY 子句用来定义结果集中的记录排列的顺序。order_list 将指定排序时需要依据的字段的列表，字段之间使用逗号分隔。ASC 和 DESC 关键字分别指定记录是按升序还是按降序排序。

（2）SELECT 语句的执行过程。

① 读取 FROM 子句中基本表、视图的数据，执行笛卡尔积操作。

② 选取满足 WHERE 子句中给出的条件表达式的元组。

③ 按 GROUP 子句中指定列的值分组，同时提取满足 HAVING 子句中组条件表达式的那些组。

④ 按 SELECT 子句中给出的列名或列表达式求值输出。

⑤ ORDER 子句对输出的目标表进行排序，按附加说明 ASC 升序排列，或按 DESC 降序排列。

### 3. 单表简单查询

（1）SELECT 子句。

SELECT 子句指定需要通过查询返回的表的列。

语法：

SELECT [ ALL | DISTINCT ]

[ TOP n [PERCENT] [ WITH TIES] ]

<select_list>

<select_list> :: =

{ *

| { table_name | view_name | table_alias }.*

| { column_name | expression | IDENTITYCOL | ROWGUIDCOL }

[ [AS] column_alias ]

| column_alias = expression

} [, ...n]

参数：

① ALL：指明查询结果中可以显示值相同的列，ALL 是系统默认的。

② select_list：是所要查询的表的列的集合，多个列之间用逗号分开。

③ *：通配符，返回所有对象的所有列。

④ table_name | view_name | table_alias.*：限制通配符*的作用范围，凡是带*的项均返回其中所有的列。

⑤ column_name：指定返回的列名。

⑥ expression：表达式可以为列名常量函数或它们的组合。

⑦ IDENTITYCOL：返回 IDENTITY 列，如果 FROM 子句中有多个表含有 IDENTITY 列，则在 IDENTITYCOL 选项前必须加上表名，如 Table.IDENTITYCOL。

⑧ ROWGUIDCOL：返回表的 ROWGUIDCOL 列同 IDENTITYCOL 选项相同，当要指定多个 ROWGUIDCOL 列时选项前必须加上表名，如 Table.ROWGUIDCOL。

⑨ column_alias：在返回的查询结果中用此别名替代列的原名 column_alias，可用于 ORDER BY 子句。但不能用于 WHERE、GROUP BY、HAVING 子句。

（2）DISTINCT 的使用。

使用 DISTINCT 关键字去除重复的记录。如果 DISTINCT 后有多个字段名，则是多个字段的组合不重复的记录。对于 NULL 值被认为是相同的值。

（3）TOP 的使用。

在数据查询时，经常需要查询最好的、最差的、最前的、最后的几条记录，这时需要使用 TOP 关键字进行数据查询。

① TOP n [PERCENT]：指定返回查询结果的前 n 行数据，如果 PERCENT 关键字指定的话，则返回查询结果的前百分之 n 行数据。

② WITH TIES：此选项只能在使用了 ORDER BY 子句后才能使用，当指定此项时除了返回 TOP n PERCENT 指定的数据行外，还要返回与 TOP n PERCENT 返回的最后一行记录中由 ORDER BY 子句指定的列的列值相同的数据行。

（4）别名运算。

SQL 语言使用 AS 关键字进行别名运算（AS 可省略，但空格不能省略），可灵活指定查询结果各字段显示的名称。

（5）使用 INTO 子句。

## 5.1.2　教学案例

【例 5.1】　从学生基本信息表中查询所有记录（全字段查询）。

（1）参考代码：

SELECT autoID，schId，stuIdentity，stuName，stuPwd，classID，stuSex FROM stuInfo

注意：可以使用符号"*"来选取表的全部列。

SELECT　*　FROM stuInfo

分析：全字段查询可以列出全部列，也可以使用"*"。

（2）运行结果（见图 5.1）。

| | autoID | schid | stuIdentity | stuName | stuPwd | ClassID | stuSex |
|---|---|---|---|---|---|---|---|
| 1 | 94239 | 580101 | ********960829264x | 陈静 | 29264x | 01 | 女 |
| 2 | 94240 | 580101 | ********9009172638 | 陈小芳 | 172638 | 01 | 女 |
| 3 | 94241 | 580101 | ********9506242852 | 陈旭 | 242852 | 01 | 男 |
| 4 | 94242 | 580101 | ********9607303298 | 段朋 | 303298 | 01 | 男 |
| 5 | 94243 | 580101 | ********9505042867 | 段文静 | 042867 | 01 | 女 |

图 5.1

【例 5.2】　从学生基本信息表中查询部分列记录。

（1）参考代码：

SELECT schId，stuIdentity，stuName FROM stuInfo

（2）运行结果（见图 5.2）。

| | schid | stuIdentity | stuName |
|---|---|---|---|
| 1 | 580101 | ********960829264x | 陈静 |
| 2 | 580101 | ********9009172638 | 陈小芳 |
| 3 | 580101 | ********9506242852 | 陈旭 |
| 4 | 580101 | ********9607303298 | 段朋 |
| 5 | 580101 | ********9505042867 | 段文静 |

图 5.2

【例 5.3】　查询学生信息表中不重复的性别记录。

（1）参考代码：

 SELECT DISTINCT stuSex FROM stuInfo

（2）运行结果（见图5.3）。

图5.3

【例5.4】　查询学生信息表（stuInfo）中前5条记录。

（1）参考代码：

 SELECT TOP 5 * FROM stuInfo

该案例使用 TOP 5 显示前 5 行数据。

（2）运行结果（见图5.4）。

|  | autoID | schId | stuIdentity | stuName | stuPwd | classId | stuSex |
|---|---|---|---|---|---|---|---|
| 1 | 94239 | 580101 | ********960829264x | 陈静 | 29264x | 01 | 女 |
| 2 | 94240 | 580101 | ********9009172638 | 陈小芳 | 172638 | 01 | 女 |
| 3 | 94241 | 580101 | ********9506242852 | 陈旭 | 242852 | 01 | 男 |
| 4 | 94242 | 580101 | ********9607303298 | 段朋 | 303298 | 01 | 男 |
| 5 | 94243 | 580101 | ********9505042867 | 段文静 | 042867 | 01 | 女 |

图5.4

【例5.5】　查询学生信息表（stuInfo）中的20%条记录。

参考代码：

 SELECT TOP 20 PERCENT * FROM stuInfo

【例5.6】　查询学生信息表（stuInfo）中姓名、身份证号码、密码信息，并以中文字段名显示。

（1）参考代码：

 SELECT stuName AS 姓名，身份证号码=stuIdentity，stuPwd 密码 FROM stuInfo

（2）运行结果（见图5.5）。

|  | 姓名 | 身份证号码 | 密码 |
|---|---|---|---|
| 1 | 陈静 | ********960829264x | 29264x |
| 2 | 陈小芳 | ********9009172638 | 172638 |
| 3 | 陈旭 | ********9506242852 | 242852 |
| 4 | 段朋 | ********9607303298 | 303298 |

图5.5

【例5.7】　将学生信息表（stuInfo）前10条记录插入新表中。

参考代码：

 SELECT TOP 10 *

 INTO newStuInfo

 FROM stuInfo

## 5.1.3　案例练习

【练习5.1】　从学生基本信息表中查询所有记录（全字段查询）。

【练习 5.2】　查询学生信息表中不重复的性别记录。

【练习 5.3】　查询学生信息表（stuInfo）中的 30%条记录。

# 5.2　条件与分组查询

## 5.2.1　知识点

### 1. WHERE 子句

WHERE 子句指定用于限制返回的行的搜索条件。

语法：

WHERE < search_condition >

功能：

通过使用谓词限制结果集内返回的行，对搜索条件中可以包含的谓词数量没有限制。

查询或限定条件可以是：

① 比较运算符（如=、<>、<和>）。

② 范围说明（BETWEEN 和 NOT BETWEEN）。

③ 可选值列表（IN、NOT IN）。

④ 模式匹配（LIKE 和 NOT LIKE）。

⑤ 是否为空值（IS NULL 和 IS NOT NULL）。

⑥ 上述条件的逻辑组合（AND、OR、NOT）。

（1）比较查询条件。

比较查询条件由表达式的双方和比较运算符（见表 5.1）组成，系统将根据该查询条件的真假来决定某一条记录是否满足该查询条件，只有满足该查询条件的记录才会出现在最终结果集中。

注意：text、ntext 和 image 数据类型不可以与比较运算符组合成查询条件。

表 5.1　比较运算符

| 运算符 | 含义 | 运算符 | 含义 |
| --- | --- | --- | --- |
| = | 等于 | <> | 不等于 |
| > | 大于 | !> | 不大于 |
| < | 小于 | !< | 不小于 |
| >= | 大于等于 | != | 不等于 |
| <= | 小于等于 | | |

（2）逻辑运算符。

① 逻辑与（AND）。

连接两个布尔型表达式并当两个表达式都为 TRUE 时返回 TRUE。当语句中有多个逻辑运算符时，AND 运算符将首先计算。可以通过使用括号更改计算次序。

② 逻辑或（OR）。

将两个条件结合起来。当在一个语句中使用多个逻辑运算符时，在 AND 运算符之后求 OR 运算符的值。但是，通过使用括号可以更改求值的顺序。

③ 逻辑非（NOT）。

用于反转查询条件的结果，即对指定的条件取反。

（3）范围查询条件。

内含范围条件（BETWEEN…AND…）：要求返回记录某个字段的值在两个指定值范围内，同时包括这两个指定的值。

排除范围条件（NOT BETWEEN…AND…）：要求返回记录某个字段的值在两个指定值范围以外，并不包括这两个指定的值。

（4）列表查询条件。

包含列表查询条件的查询将返回所有与列表中的任意一个值匹配的记录，通常使用 IN 关键字来指定列表查询条件。

IN 关键字的格式为：

IN（列表值 1，列表值 2，…）

列表中的项目之间必须使用逗号分隔，并且括在括号中。

（5）模式查询条件。

模式查询条件常用来返回符合某种格式的所有记录，通常使用 LIKE 或 NOT LIKE 关键字来指定模式查询条件。

LIKE 关键字使用通配符来表示字符串需要匹配的模式，见表 5.2。

表 5.2　模糊查询通配符

| 通配符 | 描述 | 示例 |
|---|---|---|
| % | 包含零个或更多字符的任意字符串 | WHERE name like '%玉%'将查找处于书名任意位置包含"玉"的所有姓名 |
| – | 下划线代表任何单个字符 | WHERE name like '_伟'将查找以"伟、"结尾的所有 2 个字的名字 |
| [ ] | 指定范围或集合中的任何单个字符 | WHERE name like '[C-P]arsen'将查找以 arsen 结尾且以介于 C 与 P 之间的任何单个字符开始的姓名，例如，Carsen、Larsen、Karsen 等 |
| [^] | 不属于指定范围或集合的任何单个字符 | WHERE au_lname like 'de[^l]%'将查找以 de 开始且其后的字母不为 1 的所有作者的姓氏 |

（6）空值判断查询条件。

空值判断查询条件常用来查询某一字段值为空值的记录，可以使用 IS NULL 或 IS NOT NULL 关键字来指定这种查询条件。

注意：NULL 值表示字段的数据值未知或不可用，它并不表示零（数字值或二进制值）、零长度的字符串或空白（字符值）。

## 2. GROUP BY 子句

按指定的条件进行分类汇总，并且如果 SELECT 子句<SELECT list>中包含聚合函数，则计算每组的汇总值。

语法：

[GROUP BY [ ALL ] group_by_expression [ , …n ]]

参数：

① ALL：包含所有组和结果集，如果访问远程表的查询中有 WHERE 子句，则不支持 GROUP BY ALL 操作。

② group_by_expression：是对其执行分组的表达式，group_by_expression 也称为分组列。在选择列表内定义的列的别名不能用于指定分组列。注意：在使用 GROUP BY 子句，只有聚合函数和 GROUP BY 分组的字段才能出现在 SELECT 子句中。

（1）聚合函数。

聚合函数（例如，SUM、AVG、COUNT、COUNT（*）、MAX 和 MIN）在查询结果集中生成汇总值。聚合函数（除 COUNT（*）以外）处理单个列中全部所选的值以生成一个结果值。聚合函数可以应用于表中的所有行、WHERE 子句指定的表的子集或表中一组或多组行。应用聚合函数后，每组行都将生成一个值，见表 5.3。

表 5.3 聚合函数

| 聚合函数 | 描 述 |
|---|---|
| AVG（expr） | 列值的平均值；该列只能包含数字数据 |
| COUNT（expr），COUNT（*） | 列值的计数（如果将列名指定为 expr）或是表或组中所有行的计数（如指定*）；COUNT（expr）忽略空值，但 COUNT（*）在计数中包含空值 |
| MAX（expr） | 列中最大的值（文本数据类型中按字母顺序排在最后的值）；忽略空值 |
| MIN（expr） | 列中最小的值（文本数据类型中按字母顺序排在最前的值）；忽略空值 |
| SUM（expr） | 列值的合计；该列只能包含数字数据 |

（2）GROUP BY 和聚合函数。

将查询结果按照 GROUP BY 后指定的列进行分组，该子句写在 WHERE 子句的后面。当在 SELECT 子句中包含聚合函数时，最适合使用 GROUP BY 子句。SELECT 子句中选项列表中出现的列，包含在聚合函数中或者包含在 GROUP BY 子句中，否则，SQL Server 将返回如下错误提示信息：

"表名.列名在选择列表中无效，因为该列既不包含在聚合函数中，也不包含在 GROUP BY 子句中。"

（3）HAVING 子句。

HAVING 子句指定分组搜索条件，是对分组之后的结果再次筛选。HAVING 子句必须与 GROUP BY 子句一起使用，有 HAVING 子句必须有 GROUP BY 子句，但有 GROUP BY 子句可以没有 HAVING 子句。

HAVING 语法与 WHERE 语法类似，其区别在于 WHERE 子句在进行分组操作之前对查询结果进行筛选；而 HAVING 子句搜索条件对分组操作之后的结果再次筛选。同时作用的对象也不同，WHERE 子句作用于表和视图，HAVING 子句作用于组。

但 HAVING 可以包含聚合函数，HAVING 子句可以引用选择列表中出现的任意项。

### 3. ORDER BY 子句

ORDER BY 子句指定查询结果的排序方式。

语法：

ORDER BY {order_by_expression [ ASC | DESC ] } [, …n]

参数：

① order_by_expression：指定排序的规则 order_by_expression 可以是表或视图的列的名称或别名。如果 SELECT 语句中没有使用 DISTINCT 选项或 UNION 操作符，那么 ORDER BY 子句中可以包含 Select_list 中没有出现的列名或别名。ORDER BY 子句中也不能使用 text、ntext 和 image 数据类型。

② ASC：指明查询结果按升序排列，这是系统默认值。

③ DESC：指明查询结果按降序排列。

将根据查询结果中的一个字段或多个字段对查询结果进行排序，升序为 ASC，降序为 DESC 关键字指定。

## 5.2.2　教学案例

【例 5.8】　在成绩信息表（stuScores）中查询语文（yw）成绩大于 80 的学生成绩信息。

（1）参考代码：

SELECT * FROM stuScores WHERE yw>80

（2）运行结果（见图 5.6）。

| | stuIdentity | yw | sx | yy | wl | hx |
|---|---|---|---|---|---|---|
| 1 | ********9408290207 | 88 | 92 | 89 | 81 | 68 |
| 2 | ********9504290207 | 92 | 100 | 53 | 77 | 91 |
| 3 | ********950512020X | 90 | 96 | 54 | 68 | 57 |
| 4 | ********9505200269 | 92 | 100 | 89 | 81 | 48 |
| 5 | ********9508100239 | 95 | 99 | 34 | 62 | 86 |

图 5.6

【例 5.9】　在学生信息表（stuInfo）中查询性别不为"男"的学生信息。

（1）参考代码。

SELECT * FROM stuInfo WHERE stuSex<>'男'

（2）运行结果（见图 5.7）。

| | autoID | schId | stuIdentity | stuName | stuPwd | classId | stuSex |
|---|---|---|---|---|---|---|---|
| 1 | 94239 | 580101 | ********960829264x | 陈静 | 29264x | 01 | 女 |
| 2 | 94240 | 580101 | ********9009172638 | 陈小芳 | 172638 | 01 | 女 |
| 3 | 94243 | 580101 | ********9505042867 | 段文静 | 042867 | 01 | 女 |
| 4 | 94244 | 580101 | ********9601252864 | 冯敏 | 252864 | 01 | 女 |
| 5 | 94245 | 580101 | ********9511262866 | 何春艳 | 262866 | 01 | 女 |

图 5.7

【例 5.10】 查询学校代号为"580001"的学生的姓名和性别。

参考代码：

SELECT stuName，stuSex FROM students WHERE schId='580001'

【例 5.11】 查询学生表中 10 个 95 年以后出生的学生信息（日期比较）。

参考代码：

SELECT TOP 10 * FROM stuInfo

WHERE cast (substring (stuIdentity, 7, 8) as dateTIme)>='1995-1-1'

【例 5.12】 查询学生信息表（studInfo）中学校代码为"580001"的男生信息。

（1）参考代码：

SELECT * FROM stuInfo

WHERE schId='580001' AND stuSex='男'

分析：该案例采用逻辑运算符 AND 实现。

（2）运行结果（见图 5.8）。

| | autoID | schId | stuIdentity | stuName | stuPwd | classId | stuSex |
|---|---|---|---|---|---|---|---|
| 1 | 119127 | 580001 | ********9512058939 | 王俊辉 | 058939 | 10 | 男 |
| 2 | 119128 | 580001 | ********9608079013 | 邓宇豪 | 079013 | 10 | 男 |
| 3 | 119129 | 580001 | ********9601075394 | 何浩 | 075394 | 10 | 男 |
| 4 | 119130 | 580001 | ********9502060277 | 廖爱军 | 060277 | 10 | 男 |

图 5.8

【例 5.13】 查询学生信息表中学校代码为"580001"和"580002"的学生信息。

参考代码：

SELECT * FROM stuInfo

WHERE schId='580001' OR schId='580002'

【例 5.14】 查询学生信息表中学校代码不为"580001"的所有记录。

（1）参考代码：

SELECT * FROM stuInfo

WHERE schId!='580001'

或

SELECT * FROM stuInfo

WHERE NOT schId='580001'

| | autoID | schId | stuIdentity | stuName |
|---|---|---|---|---|
| 1 | 94239 | 580101 | ********960829264x | 陈静 |
| 2 | 94240 | 580101 | ********9009172638 | 陈小芳 |
| 3 | 94241 | 580101 | ********9506242852 | 陈旭 |
| 4 | 94242 | 580101 | ********9607303298 | 段朋 |
| 5 | 94243 | 580101 | ********9505042867 | 段文静 |

图 5.9

分析：该案例可以采用条件运算符!=实现，或者采用逻辑运算符 NOT 来实现，其效果一样。

（2）运行结果（见图 5.9）。

【例 5.15】 查询成绩信息表（stuScores）中数学为 100，语文成绩在 90 ~ 100 范围内的所有记录。

（1）参考代码：

SELECT * FROM stuScores

WHERE sx=100 AND yw>=90 AND yw<=100

（2）运行结果（见图 5.10）。

| | stuIdentity | yw | sx | yy | wl | hx |
|---|---|---|---|---|---|---|
| 1 | ********9504290207 | 92 | 100 | 53 | 77 | 91 |
| 2 | ********9505200269 | 95 | 100 | 89 | 81 | 48 |
| 3 | ********9604210210 | 92 | 100 | 53 | 77 | 91 |
| 4 | ********9506283519 | 93 | 100 | 34 | 92 | 55 |
| 5 | ********9703100949 | 92 | 100 | 62 | 80 | 82 |

图 5.10

**【例 5.16】** 查询成绩信息表（stuScores）语文成绩在 60 ~ 70 范围内的所有记录。

（1）参考代码：

```
SELECT * FROM stuScores
WHERE yw BETWEEN 60 AND 70
```

或

```
SELECT * FROM stuScores
WHERE yw>=60 AND yw<=70
```

分析：该案例使用的范围查询条件 BETWEEN…AND…等价于逻辑运算符 AND。

（2）运行结果（见图 5.11）。

| | stuIdentity | yw | sx | yy | wl | hx |
|---|---|---|---|---|---|---|
| 1 | ********9408290207 | 67 | 92 | 89 | 81 | 68 |
| 2 | ********9612180216 | 65 | 90 | 68 | 99 | 69 |
| 3 | ********9703291018 | 70 | 87 | 76 | 68 | 42 |
| 4 | ********9602184387 | 69 | 87 | 86 | 60 | 95 |
| 5 | ********9501283052 | 64 | 98 | 86 | 76 | 89 |

图 5.11

**【例 5.17】** 查询成绩信息表（stuScores）语文成绩不在 60 ~ 70 范围内的所有记录。

（1）参考代码：

```
SELECT * FROM stuScores
WHERE yw NOT BETWEEN 60 AND 70
```

或

```
SELECT * FROM stuScores
WHERE yw<60 OR yw>70
```

（2）运行结果（见图 5.12）。

| | stuIdentity | yw | sx | yy | wl | hx |
|---|---|---|---|---|---|---|
| 1 | ********9504290207 | 92 | 100 | 53 | 77 | 91 |
| 2 | ********950512020X | 90 | 96 | 54 | 68 | 57 |
| 3 | ********9505200269 | 95 | 100 | 89 | 81 | 48 |
| 4 | ********9508100239 | 95 | 99 | 34 | 62 | 86 |
| 5 | ********9512270247 | 86 | 94 | 71 | 78 | 80 |
| 6 | ********9601220200 | 54 | 94 | 46 | 91 | 87 |
| 7 | ********9602150208 | 32 | 100 | 62 | 80 | 82 |

图 5.12

**【例 5.18】** 从学生信息表（stuInfo）查询姓名为“陈旭”、“刘建”、“李园园”的所有记录。

（1）参考代码：

```
SELECT * FROM stuInfo
```

WHERE stuName IN（'陈旭'，'刘建'，'李园园'）

或

SELECT * FROM stuInfo

WHERE stuName='陈旭' OR stuName='刘建' OR stuName='李园园'

分析：列表查询条件 IN 所包含的是一个范围，与我们采用逻辑运算符 OR 的运算结果一样。

（2）运行结果（见图 5.13）。

| 结果 | 消息 | | | | |
|---|---|---|---|---|---|
| autoID | schId | stuIdentity | | stuName | stuPwd |
| 94241 | 580101 | ********9506242852 | | 陈旭 | 242852 |
| 94248 | 580101 | ********9509152887 | | 李园园 | 152887 |
| 94250 | 580101 | ********9507282856 | | 刘建 | 282856 |
| 111606 | 580409 | ********9505141517 | | 刘建 | 141517 |
| 112880 | 580422 | ********9511105870 | | 刘建 | 105870 |
| 120654 | 580002 | ********9604282858 | | 陈旭 | 282858 |

图 5.13

【例 5.19】 从学生信息表（stuInfo）查询姓名不为"陈旭"、"刘建"、"李园园"的所有记录。

参考代码：

SELECT * FROM stuInfo

WHERE stuName NOT IN（'陈旭'，'刘建'，'李园园'）

【例 5.20】 查询学生信息表中姓"张"的学生记录。

（1）参考代码：

SELECT * FROM stuInfo

WHERE stuName LIKE '张%'

（2）运行结果（见图 5.14）。

| 结果 | 消息 | | |
|---|---|---|---|
| autoID | schId | stuIdentity | stuName |
| 94311 | 580101 | ********9509012905 | 张璇 |
| 94383 | 580101 | ********9510203143 | 张愔 |
| 94385 | 580101 | ********9512300724 | 张馨尹 |
| 94386 | 580101 | ********9506203095 | 张成 |
| 94402 | 580101 | ********950902288x | 张海英 |

图 5.14

【例 5.21】 查询学生信息表中姓名第二个字为"海"的学生记录。

（1）参考代码：

SELECT * FROM stuInfo

WHERE stuName LIKE '_海%'

（2）运行结果（见图 5.15）。

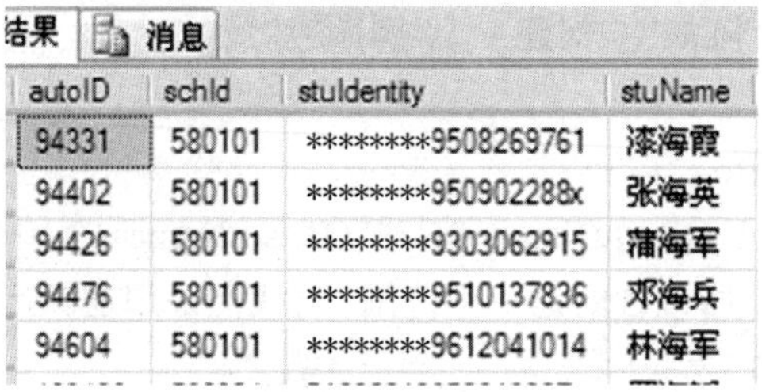

图 5.15

【例 5.22】 查询学生信息表中姓"张"和姓"李"的学生记录。

参考代码：

SELECT * FROM stuInfo

WHERE stuName LIKE '[张李]%'

【例 5.23】 查询学生信息表中不是姓"张"和姓"李"的学生记录。

（1）参考代码：

SELECT * FROM stuInfo

WHERE stuName LIKE '[^张李]%'

（2）运行结果（见图 5.16）。

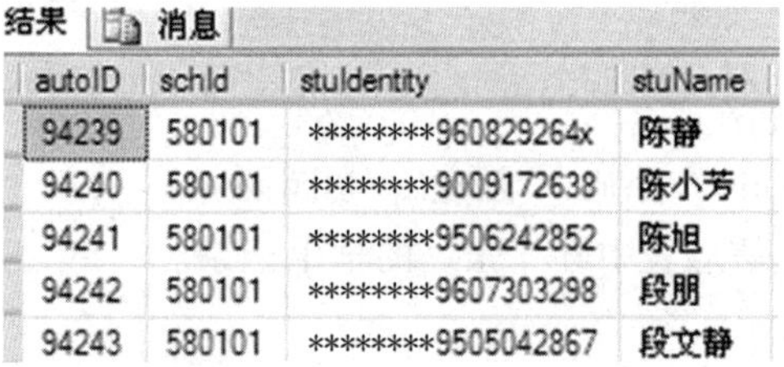

图 5.16

【例 5.24】 查询学生信息表中姓名为空的学生记录。

参考代码：

SELECT * FROM stuInfo

WHERE stuName    IS NULL

【例 5.25】 在成绩信息表中统计语文成绩不是姓"张"和姓"李"的总分。

参考代码：

SELECT SUM (yw) FROM stuScores

【例 5.26】 在学生信息表中统计所有"男"同学的人数。

参考代码：

SELECT COUNT (*) FROM stuInfo

WHERE stuSex='男'

【例 5.27】 在成绩信息表中统计语文成绩（yw）的最高分、最低分、总分、平均分和选修人数。

（1）参考代码：

SELECT MAX (yw) 最高分，MIN (yw) 最低分，SUM (yw) 总分，AVG (yw) 平均分，

COUNT (*) 人数

FROM stuScores

分析：该案例采用了聚合函数以及别名替换。

（2）运行结果（见图 5.17）。

| | 最高分 | 最低分 | 总分 | 平均分 | 人数 |
|---|---|---|---|---|---|
| 1 | 98 | 32 | 2599419 | 86 | 29893 |

图 5.17

【例 5.28】 在学校信息表中统计区县编号。

（1）参考代码：

SELECT areaId FROM schoolInfo GROUP BY areaId

分析：GROUP　BY…子句用于将一列或多列进行分组，分组后的结果中每条重复的记录只显示一行。

（2）运行结果（见图 5.18）。

| | areaId |
|---|---|
| 1 | 5800 |
| 2 | 5801 |
| 3 | 5802 |
| 4 | 5803 |
| 5 | 5804 |
| 6 | 5805 |

图 5.18

【例 5.29】 在学生信息表中按照 schId 和 stuSex 进行分类，显示每个 schId 和对应 stuSex。

（1）参考代码：

SELECT schId，stuSex FROM stuInfo GROUP BY schId，stuSex

（2）运行结果（见图 5.19）。

| | schId | stuSex |
|---|---|---|
| 1 | 580336 | 女 |
| 2 | 580110 | 男 |
| 3 | 580319 | 男 |
| 4 | 580323 | 男 |
| 5 | 580214 | 男 |

图 5.19

分组时，SELECT 语句中不能包括未出现在 GROUP BY 语句中的字段（聚合函数除外），例如：

SELECT schId，stuSex，stuName FROM stuInfo GROUP BY schId，stuSex    --错误

但出现在 GROUP BY 中的字段名，可以不出现在 SELECT 语句中，分组时将隐含包括未出现的字段记录，例如：

SELECT schId FROM stuInfo GROUP BY schId，stuSex    --正确

其运行结果如图 5.20 所示。

| | schId |
|---|---|
| 1 | 580336 |
| 2 | 580110 |
| 3 | 580319 |
| 4 | 580323 |
| 5 | 580214 |

图 5.20

【例 5.30】 在学生信息表中统计每个学校的总人数。

（1）参考代码：

SELECT schid，总人数=count (stuName) FROM stuInfo GROUP BY schId

分析：该案例根据区县号进行分组统计。

（2）运行结果（见图 5.21）。

| | schid | 总人数 |
|---|---|---|
| 1 | 580319 | 138 |
| 2 | 580228 | 42 |
| 3 | 580511 | 188 |
| 4 | 580011 | 276 |

图 5.21

【例 5.31】 在学生信息表中统计每个学校的男女人数。

（1）参考代码：

SELECT schid，stuSex，总人数=count (stuName) FROM stuInfo

GROUP BY schId ，stuSex

分析：该案例分组条件有两个，首先按照区县号进行分组，再按照性别进行分组统计。

| | schid | stuSex | 总人数 |
|---|---|---|---|
| 1 | 580336 | 女 | 28 |
| 2 | 580110 | 男 | 34 |
| 3 | 580319 | 男 | 72 |
| 4 | 580323 | 男 | 19 |

图 5.22

（2）运行结果（见图 5.22）。

【例 5.32】 在成绩信息表中统计每个学校语文成绩的最高分、最低分、总分、平均分、人数。

（1）参考代码：

SELECT schId，MAX (yw)，MIN (yw)，SUM (yw)，AVG (yw)，COUNT (*)

FROM stuScores

```
GROUP BY schId
```

分析：该案例统计按照学校编号进行分组统计，体现了聚合函数的用法。

（2）运行结果（见图 5.23）。

| | schId | (无列名) | (无列名) | (无列名) | (无列名) | (无列名) |
|---|---|---|---|---|---|---|
| 64 | 580109 | 95 | 80 | 11475 | 86 | 132 |
| 65 | 580208 | 95 | 80 | 1337 | 89 | 15 |
| 66 | 580501 | 96 | 45 | 53184 | 86 | 613 |
| 67 | 580211 | 95 | 80 | 6143 | 86 | 71 |

图 5.23

【例 5.33】 查询成绩信息表中语文成绩最高分 80 分以上的学校编号、最高分。

（1）参考代码：

```
SELECT schId，MAX (yw) 最高分 FROM stuScores
GROUP BY schId
HAVING MAX (yw) >=80
```

（2）运行结果（见图 5.24）。

| | schId | 最高分 |
|---|---|---|
| 4 | 580004 | 82 |
| 5 | 580005 | 92 |
| 6 | 580006 | 100 |
| 7 | 580007 | 98 |
| 8 | 580008 | 86 |

图 5.24

【例 5.34】 查询学生信息表中各学校男女人数超过 200 人的学校编号、学生人数。

参考代码：

```
SELECT schId，stuSex，总人数=COUNT (*) FROM stuInfo
GROUP BY schId，stuSex
HAVING COUNT (*) >200
```

【例 5.35】 查询学生信息表中各学校男同学人数超过 200 人的学校编号、学生生人数。

（1）参考代码：

```
SELECT schid，stuSex，总人数=COUNT (*) FROM stuInfo
GROUP BY schId，stuSex
HAVING COUNT (*)>200 AND stuSex='男'
```

或

```
SELECT schid，stuSex，总人数=COUNT (*) FROM stuInfo
WHERE stuSex='男'
```

GROUP BY schId，stuSex

HAVING COUNT (*) >200

分析：该案例是对分组之后的结果进行筛选，筛选的条件可以有多个。

（2）运行结果（见图 5.25）。

| | schid | stuSex | 总人数 |
|---|---|---|---|
| 3 | 580002 | 男 | 317 |
| 4 | 580311 | 男 | 440 |
| 5 | 580101 | 男 | 267 |
| 6 | 580201 | 男 | 315 |
| 7 | | 男 | |

图 5.25

注：HAVING 通常与 GROUP BY 子句一起使用。如果不使用 GROUP BY 子句，HAVING 的功能与 WHERE 子句一样。

【例 5.36】 查询成绩信息表学校编号为"580001"的成绩记录，并按照语文成绩降序排列。

参考代码：

SELECT * FROM stuScores

WHERE schId='580001'

ORDER BY yw DESC

【例 5.37】 查询成绩信息表学校编号为"580001"的成绩记录，并按照语文成绩降序排列，语文成绩相同的按照数学成绩升序排列。

（1）参考代码：

SELECT * FROM stuScores

WHERE schId='580001'

ORDER BY yw DESC，SX

（2）运行结果（见图 5.26）。

| | stuIdentity | schId | yw | sx | yy | wl | hx |
|---|---|---|---|---|---|---|---|
| 1 | ********9510188852 | 580001 | 96 | 77 | 48 | 59 | 49 |
| 2 | ********9510153123 | 580001 | 93 | 86 | 48 | 59 | 19 |
| 3 | ********9502060277 | 580001 | 89 | 60 | 48 | 59 | 88 |
| 4 | ********9510319509 | 580001 | 85 | 86 | 48 | 59 | 42 |
| 5 | ********9606038867 | 580001 | 82 | 60 | 48 | 59 | 42 |
| 6 | ********9510200893 | 580001 | 82 | 74 | 48 | 59 | 42 |

图 5.26

## 5.2.3 案例练习

【练习 5.4】 在成绩信息表（stuScores）中查询语文（yw）成绩大于 80 的学生成绩信息。

【练习 5.5】 在 stuScores 表中，查询身份证号为"********9505042867"并且成绩大于 80 的记录。

【练习 5.6】 查询学生信息表中学校代码为"580001"和"580002"的学生信息。

【练习 5.7】 在 stuScores 表中，查询语文成绩在 80～90 范围内的所有成绩记录（采用两种方式完成）。

【练习 5.8】查询成绩信息表（stuScores）语文成绩在 60～70 范围内的所有记录。

【练习 5.9】 在 stuInfo 表中，查询学校代码为"580001"、"580002"、"580101"的记录。

【练习 5.10】 查询学生信息表中姓名包含"红"的所有学生记录。

# 5.3  多表查询

如果一个查询需要对多个表进行操作，就称为多表查询。连接查询的结果集或结果表，称为表之间的连接。连接查询实际上是通过各个表之间共同列的关联性来查询数据的，它是关系数据库查询最主要的特征。

数据库中各个表中存放着不同的数据，往往需要用多个表中的数据来组合查询出多需要的信息。所谓多表查询是相对单表而言的，指从多个表中查询数据。要求多个数据表的某些字段具有相同的属性，具有相同的数据类型、宽度和取值范围。

## 5.3.1  知识点

### 1. 交叉连接

交叉连接查询（CROSS JOIN）没有 WHERE 子句，返回连接表中所有数据行的笛卡尔积。传统的笛卡尔运算往往会产生大量数据的冗余，甚至由于占用存储空间过多，导致系统超载。

### 2. 连接条件

为避免交叉连接，并且得到所需要的查询结果，必须使用 WHERE 子句给出连接条件。一般来说，对 $N$ 个表的查询要有 $N$-1 个连接条件。

### 3. 内连接

SQL—92 标准所定义的 FROM 子句的连接语法格式为：

FROM join_table join_type join_table

[ON （join_condition）]

参数：

① join_table：指出参与连接操作的表名，连接可以对同一个表操作，也可以对多表操作，对同一个表操作的连接又称作自连接。

② join_type：指出连接类型，可分为三种：内连接、外连接和交叉连接。

③ ON (join_condition)：连接操作中的 ON(join_condition) 子句指出连接条件，它由被连接表中的列和比较运算符、逻辑运算符等构成。

注意：无论哪种连接都不能对 text、ntext 和 image 数据类型列进行直接连接。前文所提到的连接条件在是基于 SQL—89 标准，现在仍然兼容。

内连接查询（INNER JOIN）使用比较运算符进行表间某（些）列数据的比较操作，并列出这些表中与连接条件相匹配的数据行。在内连接查询中，只有满足连接条件的元组才能出现在结果关系中。根据所使用的比较方式不同，内连接又分为等值连接、自然连接和非等值连接三种。

（1）等值连接。

在连接条件中使用等于（＝）运算符比较被连接列的列值，其查询结果中列出被连接表中的所有列，包括其中的重复列。

（2）非等值连接。

在连接条件使用除等于（＝）运算符以外的其他比较运算符比较被连接的列的列值。这些运算符包括>、>=、<=、<、!>、!<和<>。

（3）自然连接。

在连接条件中使用等于（＝）运算符比较被连接列的列值，查询所涉及的两个关系模式有公共属性，且公共属性值相等，相同的公共属性只在结果关系中出现一次。

### 4. 外连接

外连接分为左连接（LEFT OUTER JOIN 或 LEFT JOIN）、右连接（RIGHT OUTER JOIN 或 RIGHT JOIN）和全连接（FULL OUTER JOIN 或 FULL JOIN）三种。与内连接不同的是，外连接不只是列出与连接条件相匹配的行，而是列出左表（左外连接时）、右表（右外连接时）或两个表（全外连接时）中所有符合搜索条件的数据行。

（1）左连接。

左外连接的结果集包括 LEFT JOIN 或 LEFT OUTER JOIN 子句中指定的左表的所有行，而不仅仅是连接列所匹配的行。如果左表的某行在右表中没有匹配行，则在相关联的结果集行中右表的所有选择列表列均为空值。

（2）右连接。

右外连接使用 RIGHT JOIN 或 RIGHT OUTER JOIN 子句，是左向外连接的反向连接，将返回右表的所有行。如果右表的某行在左表中没有匹配行，则将为左表返回空值。

（3）全连接。

全连接使用 FULL JOIN 或 FULL OUTER JOIN 子句返回左表和右表中的所有行。当某行在另一个表中没有匹配行时，则另一个表的选择列表列包含空值。如果表之间有匹配行，则整个结果集行包含基表的数据值。

## 5.3.2　教学案例

【例 5.38】　查询学生信息表和学校信息表。

参考代码：

SELECT * FROM schoolInfo, stuInfo

运行结果如图 5.27 所示，共耗时 2 分钟，在实际运行过程中，随着数据量增加，会造成花费时间的急剧增长，所以我们要慎用交叉连接。

图 5.27

【例 5.39】 查询学生信息表和学校信息表。

（1）参考代码：

SELECT * FROM schoolInfo，stuInfo

WHERE schoolInfo.schId=stuInfo.schId

（2）运行结果（见图 5.28）。

分析：采用 WHERE 给出连接条件。

| | schId | areaId | schName | autoID | schId | stuIdentity | stuName | stuPwd |
|---|---|---|---|---|---|---|---|---|
| 1 | 580101 | 5801 | 遂宁六中 | 94239 | 580101 | ********960829264x | 陈静 | 29264x |
| 2 | 580101 | 5801 | 遂宁六中 | 94240 | 580101 | ********9009172638 | 陈小芳 | 172638 |
| 3 | 580101 | 5801 | 遂宁六中 | 94241 | 580101 | ********9506242852 | 陈旭 | 242852 |
| 4 | 580101 | 5801 | 遂宁六中 | 94242 | 580101 | ********9607303298 | 段朋 | 303298 |

图 5.28

【例 5.40】 查询学生的姓名、性别、学校名称等信息。

（1）参考代码：

SELECT stuName，stuSex，schName，schoolInfo.schId

FROM schoolInfo，stuInfo

WHERE schoolInfo.schId=stuInfo.schId

要指明两张表通过哪个字段进行连接，否则连接时两表每行都互相连接；此外，要使用多个表都共有的字段时，必须指名来自哪张表（如 stu.xh），如果表名太复杂，可以在 FROM 语句中通过在表名后加空格再加别名来降低编写的复杂度。代码如下：

SELECT stuName，stuSex，schName，a.schId

FROM schoolInfo a，stuInfo b

WHERE a.schId=b.schId

（2）运行结果（见图 5.29）。

| | stuName | stuSex | schName | schId |
|---|---|---|---|---|
| 1 | 陈静 | 女 | 遂宁六中 | 580101 |
| 2 | 陈小芳 | 女 | 遂宁六中 | 580101 |
| 3 | 陈旭 | 男 | 遂宁六中 | 580101 |
| 4 | 段朋 | 男 | 遂宁六中 | 580101 |
| 5 | 段文静 | 女 | 遂宁六中 | 580101 |

图 5.29

【例 5.41】 查询学生的姓名、性别、学校名称等信息。

（1）参考代码：

SELECT stuName，stuSex，schName，schoolInfo.schId

FROM schoolInfoINNER JOIN stuInfo

ON schoolInfo.schId=stuInfo.schId

（2）运行结果（见图 5.30）。

| | stuName | stuSex | schName | schId |
|---|---|---|---|---|
| 1 | 陈静 | 女 | 遂宁六中 | 580101 |
| 2 | 陈小芳 | 女 | 遂宁六中 | 580101 |
| 3 | 陈旭 | 男 | 遂宁六中 | 580101 |
| 4 | 段朋 | 男 | 遂宁六中 | 580101 |

图 5.30

【例 5.42】 查询男学生的姓名、性别、学校名称、区县名称等信息。

（1）参考代码：

SELECT stuName，stuSex，schName，schoolInfo.schId，areaName

FROM schoolInfo INNER JOIN stuInfo

ON schoolInfo.schId=stuInfo.schId

INNER JOIN areaInfo

ON schoolInfo.areaId=areaInfo.areaId

WHERE stuSex='男'

（2）运行结果（见图 5.31）。

| | stuName | stuSex | schName | schId | areaName |
|---|---|---|---|---|---|
| 1 | 陈旭 | 男 | 遂宁六中 | 580101 | 船山区 |
| 2 | 段朋 | 男 | 遂宁六中 | 580101 | 船山区 |
| 3 | 刘建 | 男 | 遂宁六中 | 580101 | 船山区 |
| 4 | 刘磊 | 男 | 遂宁六中 | 580101 | 船山区 |

图 5.31

【例 5.43 】 查询所有的学校信息和区县信息。

（1）参考代码：

SELECT * FROM areaInfo

LEFT OUTER JOIN schoolInfo ON areaInfo.areaId=schoolInfo.areaId

（2）运行结果（见图 5.32）。

| | areaId | areaName | schId | areaId | schName |
|---|---|---|---|---|---|
| 166 | 5805 | 安居区 | 580528 | 5805 | 马家乡中 |
| 167 | 5805 | 安居区 | 580529 | 5805 | 磨溪镇中 |
| 168 | 6000 | 成都市 | NULL | NULL | NULL |
| 169 | 6001 | 成华区 | NULL | NULL | NULL |

图 5.32

【例 5.44 】 查询所有的学校信息和区县信息。

（1）参考代码：

SELECT * FROM areaInfo

RIGHT OUTER JOIN schoolInfo ON areaInfo.areaId=schoolInfo.areaId

（2）运行结果（见图 5.33）。

| | areaId | areaName | schId | areaId | schName |
|---|---|---|---|---|---|
| 166 | 5805 | 安居区 | 580528 | 5805 | 马家乡中 |
| 167 | 5805 | 安居区 | 580529 | 5805 | 磨溪镇中 |
| 168 | NULL | NULL | 600210 | 6002 | 九中 |
| 169 | NULL | NULL | 600301 | 6003 | 七中 |

图 5.33

【例 5.45 】 查询所有的学校信息和区县信息。

（1）参考代码：

SELECT * FROM areaInfo

FULL OUTER JOIN schoolInfo ON areaInfo.areaId=schoolInfo.areaId

（2）运行结果（见图 5.34）。

分析：全连接首先执行左连接，然后执行右连接。

| | areaId | areaName | schId | areaId | schName |
|---|---|---|---|---|---|
| 166 | 5805 | 安居区 | 580528 | 5805 | 马家乡中 |
| 167 | 5805 | 安居区 | 580529 | 5805 | 磨溪镇中 |
| 168 | NULL | NULL | 600210 | 6002 | 九中 |
| 169 | NULL | NULL | 600301 | 6003 | 七中 |
| 170 | 6001 | 成华区 | NULL | NULL | NULL |
| 171 | 6000 | 成都市 | NULL | NULL | NULL |

图 5.34

### 5.3.3 案例练习

【练习 5.11】 使用多表查询，从 stuInfor、schoolInfor、stuScores 查询学生的学校名、姓名、性别、身份证号、各科成绩、总分。

## 5.4 子查询

在 SQL 语言中，当一个查询语句嵌套在另一个查询的查询条件之中时称为嵌套查询，又称为子查询。嵌套查询是指在一个外层查询中包含有另一个内层查询，其中，外层查询称为主查询，内层查询称为子查询。通常情况下，使用嵌套查询中的子查询先挑选出部分数据，以作为主查询的数据来源或搜索条件。子查询总是写在圆括号中，任何允许使用表达式的地方都可以使用子查询。

### 5.4.1 知识点

#### 1. 关键字 IN

IN 关键字在大多数情况下应用于嵌套查询（也称子查询）中，通常首先使用 SELECT 语句选定一个范围，然后将选定的范围作为 IN 关键字的符合条件的列表，从而得到最终的结果集。

#### 2. 比较运算符

比较运算符应用于子查询进行单值比较时，需要注意以下几点：

（1）返回单值子查询，只返回一行一列。

（2）主查询与单值子查询之间用比较运算符进行连接。

（3）运算符：>、>=、<、<=、=、<>。

#### 3. SOME/ANY 关键字

SOME 的嵌套查询是通过比较运算符将一个表达式的值或列值与子查询返回的一列值中的每一个进行比较，如果哪行的比较结果为真，满足条件就返回该行。ANY 和 SOME 关键字完全等价。

#### 4. ALL 关键字

ALL 的嵌套查询是把列值与子查询结果进行比较，但是它要求所有的列的查询结果都为真，否则不返回行。

#### 5. EXISTS 关键字

指定一个子查询，检测行的存在。EXISTS 搜索条件并不真正地使用子查询的结果。它仅仅检查子查询是否返回了任何结果。因此，EXISTS 谓词子查询中的 SELECT 子句可用任意列名，或多个列名或用*号。

**6. 子查询扩展应用**

（1）相关子查询在 delete 的 where 中的应用。

（2）相关子查询在 update 的 where 中的应用。

（3）相关子查询在 update 的 set 中的应用。

## 5.4.2　教学案例

【例 5.46】　查询数学成绩考满分的学生信息。

（1）参考代码：

SELECT * FROM stuInfo

WHERE stuIdentity IN（SELECT stuIdentity FROM stuScores WHERE sx=100）

（2）运行结果（见图 5.35）。

| autoID | schId | stuIdentity | stuName | stuPwd | classId | stuSex |
|--------|-------|-------------|---------|--------|---------|--------|
| 112690 | 580420 | ********9503281877 | 黄涛 | 281877 | 04 | 男 |
| 98137 | 580216 | ********950919263X | 王帅 | 19263X | 03 | 男 |

图 5.35

【例 5.47】　查询学校人数在 500 以上的学校名称。

（1）参考代码：

SELECT schName FROM schoolInfo

WHERE schId IN (

SELECT schId FROM stuInfo GROUP BY schId HAVING COUNT (*) >500)

（2）运行结果（见图 5.36）。

| schName |
|---------|
| 大中分校 |
| 西眉中学 |
| 遂宁一中 |
| 太和一中 |
| 遂宁六中 |
| 蓬溪中学 |

图 5.36

【例 5.48】　查询身份证号为"********960829264x"的同学所在学校名称。

（1）参考代码：

SELECT schName FROM schoolInfo

WHERE schId= (

SELECT schId FROM stuInfo WHERE stuIdentity='********960829264x' )

（2）运行结果（见图 5.37）。

97

图 5.37

【例 5.49】 查询比化学平均成绩（hx）高的成绩信息。

参考代码：

SELECT    *    FROM    stuScores

WHERE    hx> (SELECT AVG (hx)    FROM stuScores)

【例 5.50】 查询语文平均成绩（yw）高于班级编号为"580001"的语文成绩最低分的成绩信息。

参考代码：

SELECT * FROM stuScores

WHERE yw>ANY (SELECT yw FROM stuScores WHERE schId='580001')

【例 5.51】 查询语文平均成绩（yw）高于班级编号为"580001"的所有语文成绩的成绩信息。

（1）参考代码：

SELECT * FROM stuScores

WHERE yw>ALL (SELECT yw FROM stuScores WHERE schId='580001')

或

SELECT * FROM stuScores

WHERE yw> (SELECT MAX (yw) FROM stuScores WHERE schId='580001')

（2）运行结果（见图 5.38）。

| | stuIdentity | schId | yw | sx | yy | wl | hx |
|---|---|---|---|---|---|---|---|
| 1 | ********95061118691 | 580007 | 98 | 86 | 48 | 59 | 46 |
| 2 | ********95080212647 | 580006 | 99 | 86 | 48 | 59 | 87 |
| 3 | ********95081893662 | 580006 | 100 | 86 | 48 | 59 | 42 |
| 4 | ********95101555962 | 580511 | 97 | 86 | 48 | 59 | 62 |

图 5.38

【例 5.52】 查询学生信息表中数学考 100 分的学生信息。

参考代码：

SELECT * FROM stuInfo

WHERE EXISTS

(SELECT * FROM stuScores

WHERE stuInfo.stuIdentity=stuScores.stuIdentity AND sx=100)

【例 5.53】 查询学生信息表中学校编号无效（在学校信息表中找不到该学校编号）的学生记录。

参考代码：

```
DELETE FROM stuInfo
WHERE    NOT EXISTS (
SELECT * FROM schoolInfo WHERE stuInfo.schId=schId)
```
【例 5.54】    查询学生信息表中无效的学校编号设置为 NULL。

参考代码:

```
UPDATE stuInfo SET schId=null
WHERE NOT EXISTS (
SELECT * FROM schoolInfo WHERE schId=stuInfo.areaId )
```

【例 5.55】    为成绩信息表添加 zcj 列,并完成该列值的更新。

参考代码:

分析:首先采用 ALTER 语句完成对表结构的修改。

```
ALTER TABLE stuInfo
ADD zcj decimal (4, 1) default 0
```
然后进行数据的更新。

```
UPDATE stuInfo
SETzcj= (SELECT  yw+sx+yy+wl+hx  FROM  stuscores  WHERE  stuInfo. stuIdentity=
stuIdentity)
```

## 5.4.3  案例练习

【练习 5.12】    在 stuInfo 表中,查询和"王帅"同一个学校的学生信息。

【练习 5.13】    查询化学成绩在 90 分以上的同学的姓名、身份证号。

【练习 5.14】    查询化学成绩最高分在 90 分以上的学校名称。

【练习 5.15】    查询化学平均成绩(hx)高于班级编号为"580001"的所有化学成绩的成绩信息。

# 5.5  视  图

## 5.5.1  知识点

### 1. 视图的概念

(1)视图。

视图是一个虚拟表,它以另一种方式表示一个或多个表中的数据。视图只是保存在数据库中的 SELECT 查询。

视图一经定义便存储在数据库中,与其相对应的数据并没有像表那样又在数据库中再存储一份,通过视图看到的数据只是存放在基本表中的数据。对视图的操作与对表的操作一样,可以对其进行查询、修改、删除和更新修改。

（2）基表。

为视图提供数据来源一个表或多个表。如例 5.54 的 studInfo 表。视图与基表之间的区别：视图是引用存储在数据库中的查询语句时动态创建的，它本身并不存在数据，真正的数据依然存储在数据表中。

（3）视图的优点。

① 为用户集中数据，简化用户的数据查询和处理。

② 屏蔽数据库的复杂性。

③ 简化用户权限的管理。

④ 便于数据共享。

⑤ 可以重新组织数据以便输出到其他应用程序中。

（4）视图的注意事项。

① 只有在当前数据库中才能创建视图。

② 视图的命名必须遵循标识符命名规则，不能与表同名，且对每个用户视图名必须是唯一的，即对不同用户，即使是定义相同的视图，也必须使用不同的名字。

③ 不能把规则、默认值或触发器与视图相关联。

④ 不能在视图上建立任何索引，包括全文索引。

## 2. 视图的创建

SQL Server 提供了使用 SQL Server Management Studio 和 Transact-SQL 命令两种方法来创建视图。在创建或使用视图时，应该注意到以下情况：

只能在当前数据库中创建视图，在视图中最多只能引用 1 024 列；

如果视图引用的表被删除，则当使用该视图时将返回一条错误信息。如果创建具有相同的表的结构的新表来替代已删除的表视图则可以使用，否则必须重新创建视图；

如果视图中某一列是函数、数学表达式、常量或来自多个表的列名相同，则必须为列定义名字；

不能在视图上创建索引；不能在规则、缺省、触发器的定义中引用视图；

当通过视图查询数据时，SQL Server 不仅要检查视图引用的表是否存在，是否有效，还要验证对数据的修改是否违反了数据的完整性约束。如果失败将返回错误信息，若正确，则把对视图的查询转换成对引用表的查询。

（1）使用 SQL 语句创建视图。

使用 CREATE VIEW 语句创建视图的语法格式为：

CREATE VIEW [ < database_name > .] [ < owner > .] view_name [ ( column [ ,...n ] ) ]

[ WITH < view_attribute > [ ,...n ] ]

AS

select_statement

[ WITH CHECK OPTION ]

< view_attribute > : : =

{ ENCRYPTION | SCHEMABINDING | VIEW_METADATA }

各参数的含义说明如下：

① view_name：表示视图名称。

② select_statement：构成视图文本的主体，利用 SELECT 命令从表中或视图中选择列构成新视图的列。

③ WITH CHECK OPTION：保证在对视图执行数据修改后，通过视图能够仍看到这些数据。比如创建视图时定义了条件语句，很明显视图结果集中只包括满足条件的数据行。如果对某一行数据进行修改，导致该行记录不满足这一条件，但由于在创建视图时使用了 WITH CHECH OPTION 选项，所以查询视图时，结果集中仍包括该条记录，同时修改无效。

④ ENCRYPTION：表示对视图文本进行加密，这样当查看 syscomments 表时，所见的 text 字段值只是一些乱码。

⑤ SCHEMABINDING：表示在 SELECT_statement 语句中如果包含表、视图或引用用户自定义函数，则表名、视图名或函数名前必须有所有者前缀。

⑥ VIEW_METADATA：表示如果某一查询中引用该视图且要求返回浏览模式的元数据时，那么 SQL Server 将向 DBLIB 和 OLE DB APIS 返回视图的元数据信息。

（2）使用 SQL Server Management Studion 创建视图。

在 SQL Server Management Studio 查询分析器窗口中查看和修改视图的属性。

① 双击展开"视图"，此时显示当前数据库的所有视图，右击"视图"图标，在弹出的菜单中选择"新建视图（N）..."菜单，如图 5.39 所示。

图 5.39

② 打开视图"添加表"对话框（见图 5.40），选中创建视图需要添加的表（如：schoolInfo、studInfo、areaInfo），单击"添加"按钮。

③ 打开"新建视图"对话框（见图 5.41），共有 4 个区：表区、列区、SQL 语句区、查询结果区。在表区中选择将包括在视图的字段名，此时相应的 SQL Server 脚本便显示在 SQL 语句区，在列区中可以修改列显示别名。

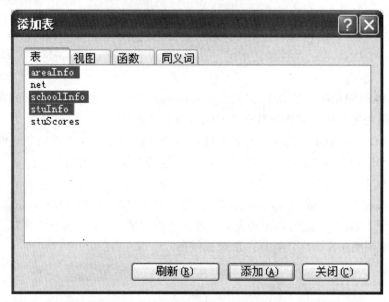

图 5.40

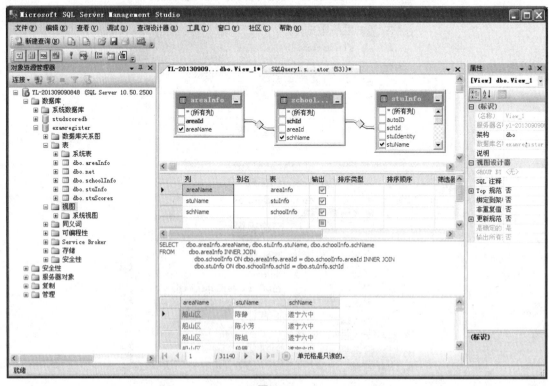

图 5.41

### 3. 视图的使用

视图一经创建，可以当成表来使用。可以使用单个视图查询，也可以使用视图和数据表或视图和视图关联查询。

### 4. 视图的管理

（1）查看修改视图。

使用 SQL 语句修改已存在的视图比较简单，只需要将 CREATE VIEW 改为 ALTER VIEW 即可。ALTER VIEW 语法与 CREATE VIEW 语法完全相同。这里介绍使用 SQL Server Mangement Studio 查看和修改视图。双击展开"视图"，此时显示当前数据库的所有视图，选中需要修改的视图（如：dbo. V_stuInfo_areaInfo），单击鼠标右键，选择"设计"菜单，打开如图 5.42 所示的视图查看和修改操作界面。

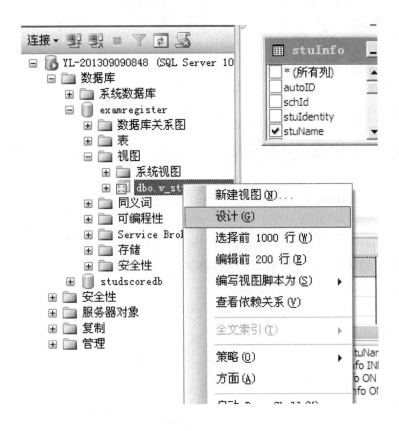

图 5.42

（2）使用存储过程检查视图。

在SQL Server 中可以使用 sp_depends、sp_help、sp_helptext 三个关键存储过程查看视图信息。

① sp_depends。

存储过程 sp_depends 用来返回系统表中存储的任何信息，该系统表指出该对象所依赖的对象。除视图外，这个系统过程可以在任何数据库对象上运行。

其语法格式为：

sp_depends 数据库对象名称

② sp_help。

系统过程 sp_help 用来返回有关数据库对象的详细信息，如果不针对某一特定对象，则返回数据库中所有对象信息。

其语法格式为：

sp_help 数据库对象名称

③ sp_helptext。

系统过程 sp_helptext 用来检索出视图、触发器、存储过程的文本。

其语法格式为：

sp_helptext 视图（触发器、存储过程）

（3）视图的删除。

使用 DROP 命令删除视图，其语法格式为：

DROP VIEW view_name


## 5.5.2 教学案例

【例 5.56】 创建查询学生姓名、身份证号、性别的视图（v_stuInfo）。

参考代码：

CREATE VIEW v_stuInfo

AS

SELECT stuName，stuIdentity，stuSex FROM stuInfo

【例 5.57】 创建查询学生姓名、学校名称、区县名称的视图。

（v_stuInfo_areaInfo）。

参考代码：

CREATE VIEW v_stuInfo_areaInfo

AS

SELECT stuName，schName，areaName

From schoolInfo，stuInfo，areaInfo

INNER JOIN stuInfo ON schoolInfo.schId=stuInfo.stuId

INNER JOIN areaInfo ON schoolInfo.areaId=areaInfo.areaId

【例 5.58】 使用例 5.56 创建的视图查看学生姓名、区县名称、学校名称。

参考代码：

SELECT * FROM v_stuInfo_areaInfo

【例 5.59】 查看视图（v_stuInfo_areaInfo）上的依赖对象。

（1）参考代码：

sp_depends    v_stuInfo_areaInfo

（2）运行结果（见图 5.43）。

| | name | type | updated | selected | column |
|---|---|---|---|---|---|
| 1 | dbo.stuInfo | user table | no | yes | schId |
| 2 | dbo.stuInfo | user table | no | yes | stuName |
| 3 | dbo.areaInfo | user table | no | yes | areaId |
| 4 | dbo.areaInfo | user table | no | yes | areaName |
| 5 | dbo.schoolInfo | user table | no | yes | schId |
| 6 | dbo.schoolInfo | user table | no | yes | areaId |
| 7 | dbo.schoolInfo | user table | no | yes | schName |

图 5.43

【例 5.60】 查看视图（v_stuInfo_areaInfo）详细信息。

（1）参考代码：

sp_help    v_stuInfo_areaInfo

（2）运行结果（见图 5.44）。

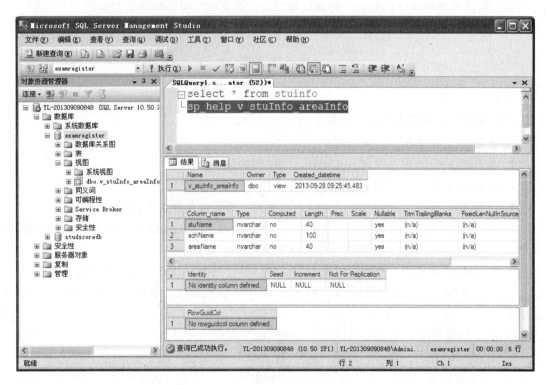

图 5.44

【例 5.61】 查看视图（v_stuInfo_areaInfo）文本信息。

参考代码：

sp_helptext v_stuInfo_areaInfo

【例 5.62】 删除视图（v_stuInfo_areaInfo）。

参考代码：

DROP VIEW v_stuInfo_areaInfo

## 5.5.3 案例练习

【练习 5.16】 创建视图 v_stuinfo，用于查询学生信息表中所有男同学的记录，包含 stuName、stuIdentity、schId 列。

# 本章小结

本章首先介绍了单表简单查询，然后介绍了多表查询、UNION 子句的使用、子查询概念及使用、左连接、右连接、全连接查询及实用 SQL 语句的使用等内容。通过本章介绍，要求读者掌握 SQL 高级查询技术，灵活应用关联表查询、UNION 子句、子查询、左连接、右连接、全连接解决实际问题。最后介绍视图的概念、视图的创建、视图的使用、视图的修改及删除等内容，使读者理解视图的概念，针对具体情况，灵活应用视图解决实际问题。

# 习　题

**一、采用 SQL 语句完成如下查询**

1. 在 stuScores 表中，查询所有列。

2. 在 stuScores 表中，查询 stuIdentity、yw 列的信息。

3. 在 stuInfo 表中，查询学生信息的前 10 条记录。

4. 在 stuInfo 表中，查询所有学生姓名不重复（即无重复姓名）的 SQL 语句。

5. 在 stuInfo 表中，查询学生 stuIdentity（身份证号）、stuName（姓名），stuPwd（密码）信息，以中文字作为别名，并将数据存入新表 stuInfoNew 中。

6. 在 stuScores 表中，查询身份证号为"********9505042867"的学生成绩。

7. 在 stuScores 表中，查询语文成绩不在 80～90 范围内的所有成绩记录（采用两种方式完成）。

8. 在 stuInfo 表中，查询姓名中含有"燕"的所有学生信息。

9. 在 stuInfo 表中，查询不是姓"赵"、姓"李"、姓"钱"的学生信息。

10. 在 stuScores 表中，统计语文（yw）、数学（sx）、英语（yy）的平均成绩。

11. 在 stuScores 表中，统计各学校的参考人数。

12. 在 stuScores 表中，统计显示学校的参考人数超过 100 人的学校编号。

13. 在 stuScores 表中，查询各学校外语（wy）最高分、最低分以及平均分，并按照平均分降序排列。

14. 从 SchoolInfo 表和 AreaInfo 表查询学校名、所属区县名（两表通过 areaId 等值连接）。

15. 从 SchoolInfo 表、stuScores 表和 stuInfo 表查询学生的姓名、学校名称、语文成绩。

16. 查询学校名称、学生人数。

17. 查询学生人数最多的学校名称、学生人数。

18. 从 areaInfo 表和 schoolInfo 表统计每个区县的区县名、学校个数，并按学校个数多少降序排序。

19. 查询语文成绩在 90 分以上的同学的姓名。

20. 查询语文成绩平均分在 80 分以上的学校名称。

## 二、问答题

1. 视图的优点是什么？

2. 在视图中定义 WITH CHECK OPTION 有什么好处？

## 三、操作题

创建区县、学校、人数视图 v_area_sch_count，用于统计各区县各学校各有多少人，包含 areaId、areaName、schId、schName、num 列。

# 第6章 索引及应用

【学习目标】

☞ 掌握存储数据类型;

☞ 掌握数据的访问;

☞ 掌握聚集索引与非聚集索引的定义;

☞ 掌握索引的创建与应用。

【知识要点】

📖 数据的存储类型;

📖 索引基本概念;

📖 聚集索引与非聚集的使用方式。

## 6.1 索引基本概述

### 6.1.1 索引的概念

用户对数据库最频繁的操作是进行数据查询。一般情况下,在进行数据库查询操作时需要对整个表进行数据搜索。当表中的数据很多时,搜索数据就需要很长的时间,这就造成了服务器的资源浪费。为了提高检索数据的能力,数据库引入了索引机制。

简单地说,可以把索引理解为一种特殊的目录。它是对数据表中一个或多个字段的值进行排序的结构。用来创建索引的字段称为键列,该字段在索引中的数据称为键值。

索引依赖于表建立,它提供了数据库中编排表中数据的内部方法。一个表的存储是由两部分组成的,一部分用来存放表的数据页面,另一部分存放索引页面。索引就存放在索引页面上,通常索引页面相对于数据页面来说小得多,当进行数据检索时系统先搜索索引页面,从中找到所需数据的指针,再直接通过指针从数据页面中读取数据。所以,利用索引可以在某些方面提高数据库工作的效率。

索引的优点主要有:

(1)通过创建唯一索引,可以保证数据记录的唯一性。

(2)可以大大加快数据检索速度。

(3)可以加速表与表之间的连接,这一点在实现数据的参照完整性方面有特别的意义。

(4)在使用 ORDER BY 和 GROUP BY 子句中进行检索数据时,可以显著减少查询中分组和排序的时间。

(5)使用索引可以在检索数据的过程中使用优化器,提高系统性能。

从某种程度上，可以把数据库看作一本书，把索引看作书的目录，通过目录查找书中的信息显然较没有目录的书方便快捷。

对于索引类型的划分可以有多种。根据索引对数据表中记录顺序的影响，索引可以分为聚集索引（clustered index）和非聚集索引（nonclustered index）；如果以数据的唯一性来划分，则有唯一索引和非唯一索引；如果以键列个数来划分，则有单列索引和多列索引。后两者都比较好理解，下面具体解释一下聚集索引（clustered index）和非聚集索引（nonclustered index）。

不论是聚集索引，还是非聚集索引，都是用 B+树来实现的。B+树就是在 B-树基础上，为叶子节点增加链表指针，所有关键字都在叶子节点中出现，非叶子节点作为叶子节点的索引；B+树总是到叶子结点才命中，如图 6.1 所示。

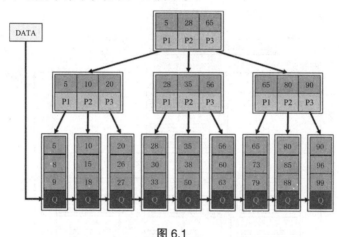

图 6.1

B+树的特点如下：

（1）所有关键字都出现在叶子节点的链表中（稠密索引），且链表中的关键字恰好是有序的。

（2）不可能在非叶子节点命中。

（3）非叶子节点相当于是叶子节点的索引（稀疏索引），叶子节点相当于是存储（关键字）数据的数据层。

（4）更适合文件索引系统。

B+树中增加一个数据或者删除一个数据，需要分多种情况处理，比较复杂，这里就不详述这个内容了。

## 6.1.2 索引的分类

有 3 种索引类型：聚集索引、非聚集索引和唯一索引。

### 1. 聚集索引

简单地说，聚集索引要求表中数据记录实际存储的次序要和索引中相对应的键值的实际存储次序完全相同。所以，一旦建立了聚集索引，该索引就会改变表中数据记录的存储顺序。

例如，汉语字典的正文本身就是一个聚集索引。比如，我们要查"安"字，就会很自然地翻开字典的前几页，因为"安"的拼音是"an"，而按照拼音排序汉字的字典是以英文字母"a"开头并以"z"结尾的，那么"安"字就自然地排在字典的前部。如果翻完了所有以"a"

开头的部分仍然找不到这个字，那么就说明字典中没有这个字；同样的，如果查"张"字，那就会翻到字典的最后部分，因为"张"的拼音是"zhang"。也就是说，字典的正文部分本身就是一个目录，不需要再去查其他目录来找到所需要找的内容。我们把这种正文内容本身就是一种按照一定规则排列的目录称为"聚集索引"。

从原理上说，聚集索引对表的物理数据页中的数据按列进行排序，然后再重新存储到磁盘上。即聚集索引与数据是混为一体的。它的叶子节点中存储的是实际的数据，由于聚集索引对表中的数据一一进行了排序，因此用聚集索引查找数据很快。但由于聚集索引将表的所有数据完全重新排列了，它所需要的空间也就特别大，大概相当于表中数据所占空间的120%。表的数据行只能以一种排序方式存储在磁盘上，所以一个表只能有一个聚集索引。如图 6.2 所示为聚集索引单个分区中的结构。

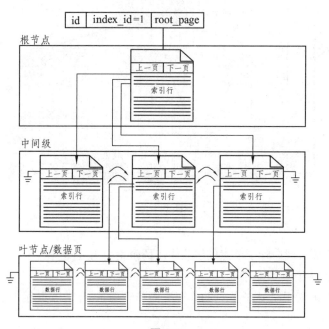

图 6.2

聚集索引的主要特点如下：

（1）聚集索引的叶子节点就是实际的数据页。

（2）在数据页中数据按照索引顺序存储。

（3）行的物理位置和行在索引中的位置是相同的。

（4）每个表只能有一个聚集索引。

（5）聚集索引的平均大小大约为表大小的5%。

聚集索引会对表和视图进行物理排序，所以这种索引对查询非常有效，在表和视图中只能有一个聚集索引。当建立主键约束时，如果表中没有聚集索引，SQL Server 会用主键列作为聚集索引键。可以在表的任何列或列的组合上建立索引，实际应用中一般为定义成主键约束的列建立聚集索引。

**2. 非聚集索引**

与聚集索引不同，非聚集索引包含按升序排列的键值，但丝毫不影响表中数据记录排列的顺序。

例如，我们认识某个字，则可以快速地从字典中查到这个字。但也可能会遇到不认识的字，不知道它的发音，这时候，就不能按照刚才的方法找到想要查的字，而需要去根据"偏旁部首"查到要找的字，然后根据这个字后的页码直接翻到某页来找到要找的字。但结合"部首目录"和"检字表"而查到的字的排序并不是真正的正文的排序方法，比如要查"张"字，我们可以看到在查部首之后的检字表中"张"的页码是 662 页，检字表中"张"的上面是"驰"字，但页码却是 63 页，"张"的下面是"弩"字，页面是 390 页。很显然，这些字并不是真正的分别位于"张"字的上下方，现在看到的连续的"驰、张、弩"三字实际上就是它们在非聚集索引中的排序，是字典正文中的字在非聚集索引中的映射。我们可以通过这种方式来找到所需要的字，但这需要两个过程，先找到目录中的结果，然后再翻到所需要的页码。我们把这种目录纯粹是目录，正文纯粹是正文的排序方式称为"非聚集索引"。

由上面的例子可以看出，非聚集索引具有与表的数据完全分离的结构。使用非聚集索引不用将物理数据页中的数据按列排序。非聚集索引的叶子节点中存储了组成非聚集索引的关键字的值和行定位器。如果数据是以聚集索引方式存储的，则行定位器中存储的是聚集索引的索引键。如果数据不是以聚集索引方式存储的，这种方式则称为堆存储方式（Heap Structure）。

行定位器存储的是指向数据行的指针。非聚集索引将行定位器按关键字的值用一定的方式排序，这个顺序与表的行在数据页中的排序是不匹配的。由于非聚集索引使用索引页存储，因此它比聚集索引需要更多的存储空间，且检索效率较低。但一个表只能建一个聚集索引，当用户需要建立多个索引时就需要使用非聚集索引。从理论上讲，一个表最多可以创建 249 个非聚集索引。非聚集索引单个分区中的结构如图 6.3 所示。

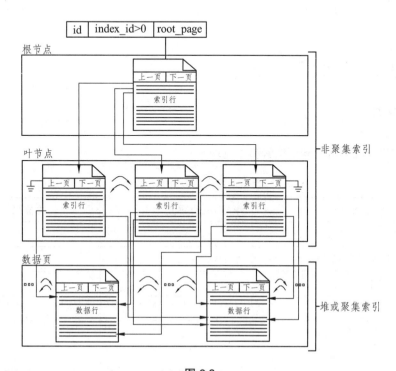

图 6.3

非聚集索引的主要特点如下：

（1）非聚集索引的页，不是数据，而是指向数据页的页。

（2）若未指定索引类型，则默认为非聚集索引。

（3）叶子节点页的次序和表的物理存储次序不同。

（4）每个表最多可以有 249 个非聚集索引。

（5）在非聚集索引创建之前创建聚集索引（否则会引发索引重建）。

非聚集索引不会对表和视图进行物理排序。如果表中不存在聚集索引，则表示未排序的，在表或视图中，最多可以建立 250 个非聚集索引，或 249 个非聚集索引和一个聚集索引。

**3. 唯一索引**

根据数据库的功能，可在数据库设计器中创建 3 种类型的索引——唯一索引、主题索引和聚集索引。唯一索引不允许两行具有相同的索引值。例如，如果表中的"姓名"字段上创建了唯一索引，则以后输入的姓名将不能同名。

聚集索引和非聚集索引都可以是唯一的。因此，只要列中数据是唯一的，就可在同一个表上创建一个唯一的聚集索引，如果必须实施唯一性以确保数据的完整性，则应在列上创建 UNIQUE 或 PRIMARY KEY 约束，而不要创建唯一索引。

创建 PRIMARY KEY 或 UNIQUE 约束会在表中指定的列上自动创建唯一索引。创建 UNIQUE 约束与手动创建唯一索引没有明显区别，其进行数据查询的方法相同，而且查询分析器不区分唯一索引是由约束创建还是手动创建，如果存在重复的键值，则无法创建唯一索引和 UNIQUE 约束。

在同一个列组合上创建唯一索引而不是非唯一索引，可为查询分析器提供附加信息，所以最好创建唯一索引。

# 6.2　创建和使用索引

## 6.2.1　知识点

### 1. 何时使用聚集索引或非聚集索引（见表 6.1）

表 6.1　何时使用聚集索引或非聚集索引

| 动作描述 | 使用聚集索引 | 使用非聚集索引 |
| :---: | :---: | :---: |
| 列经常被分组排序 | 应 | 应 |
| 返回某范围内的数据 | 应 | 不应 |
| 一个或极少不同值 | 不应 | 不应 |
| 小数目的不同值 | 应 | 不应 |
| 大数目的不同值 | 不应 | 应 |
| 频繁更新的列 | 不应 | 应 |

| 动作描述 | 使用聚集索引 | 使用非聚集索引 |
|---|---|---|
| 外键列 | 应 | 应 |
| 主键列 | 应 | 应 |
| 频繁修改索引列 | 不应 | 应 |

### 2. 创建索引

在 SQL Server Management Studio 中创建索引，首先选择索引所在的数据表，以班级表为例，首先选中 ClassInfo 表并展开，在索引文件夹上单击右键，然后选中"新建索引"，如图 6.4 所示。

图 6.4

接下来将会打开新建索引的管理窗口，如图 6.5 所示，输入索引名称，选择"索引类型"，然后点击"添加"按钮，将会为指定索引选择相应的表列，如图 6.6 所示。

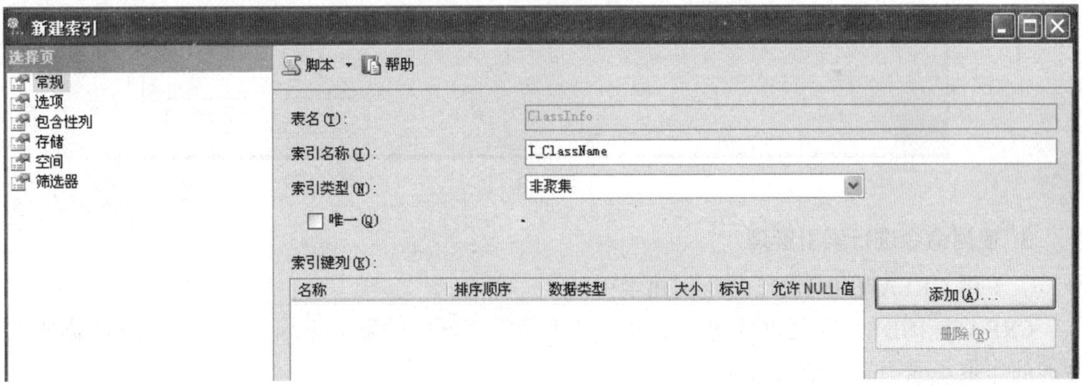

图 6.5

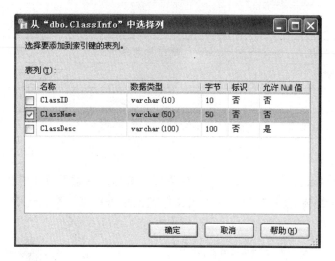

图 6.6

选定特定的列作为索引，点击"确定"。这时可为索引指定唯一性。如果该字段的值没有重复，则可以将索引设置为唯一索引。再次点击"确定"后该表的索引创建完成，如图 6.7 所示。

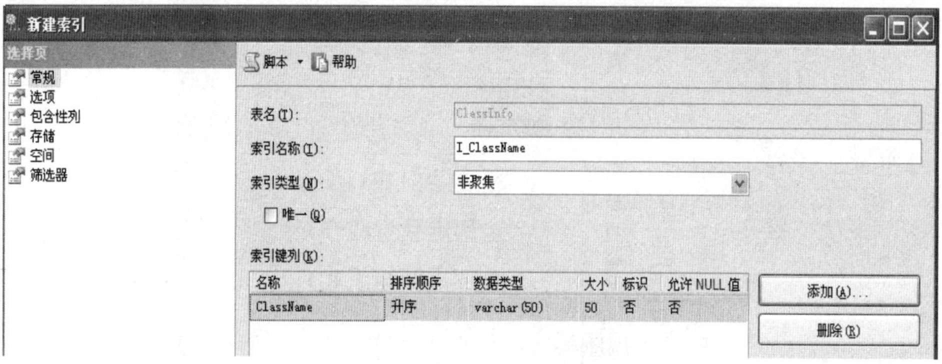

图 6.7

要注意的是，在创建聚集索引时，如果数据表原来已经具有聚集索引，由于每张表的聚集索引是唯一的，这时系统将提示是否需要将原有聚集索引删除，如图 6.8 所示。

图 6.8

### 3. 使用命令进行索引管理

（1）用 CREATE INDEX 命令创建索引。

CREATE INDEX 既可以创建一个可改变表的物理顺序的聚集索引，也可以创建提高查询性能的非聚集索引，其语法如下：

CREATE　[UNIQUE]　[CLUSTERED | NONCLUSTERED]

INDEX index_name ON {table | view } column [ ASC | DESC ] [,...n] )

[WITH

[PAD_INDEX]

[ [, ] FILLFACTOR = fillfactor]

[ [, ] IGNORE_DUP_KEY]

[ [, ] DROP_EXISTING]

[ [, ] STATISTICS_NORECOMPUTE]

[ [, ] SORT_IN_TEMPDB ]

]

[ON filegroup]

各参数说明如下：

① UNIQUE：用于指定为表或视图创建唯一索引，即不允许存在索引值相同的两行。

② CLUSTERED：用于指定创建的索引为聚集索引。

③ NONCLUSTERED：用于指定创建的索引为非聚集索引。

④ index_name：用于指定所创建的索引的名称。

⑤ table：用于指定创建索引的表的名称。

⑥ view：用于指定创建索引的视图的名称。

⑦ ASC|DESC：用于指定具体某个索引列的升序或降序排序方向。

⑧ Column：用于指定被索引的列。

⑨ PAD_INDEX：用于指定索引中间级中每个页（节点）上保持开放的空间。

⑩ FILLFACTOR = fillfactor：用于指定在创建索引时，每个索引页的数据占索引页大小的百分比，fillfactor 的值为 1～100。

⑪ IGNORE_DUP_KEY：用于控制当往包含于一个唯一聚集索引中的列中插入重复数据时 SQL Server 所作的反应。

⑫ DROP_EXISTING：用于指定应删除并重新创建已命名的先前存在的聚集索引或者非聚集索引。

⑬ STATISTICS_NORECOMPUTE：用于指定过期的索引统计不会自动重新计算。

⑭ SORT_IN_TEMPDB：用于指定创建索引时的中间排序结果将存储在 tempdb 数据库中。

⑮ ON filegroup：用于指定存放索引的文件组。

## 6.2.2  教学案例

【例 6.1】  为表 stuInfo 创建一个聚集索引。

参考代码：

CREATE TABLE stuInfo

(

stuID INT NOT NULL，

schId Char (20)，

stuName char (15)，

Salary numeric (4, 1)

)

Go

CREATE UNIQUE CLUSTERED INDEX IX_stuID ON stuinfo (stuID)

【例 6.2】 为表 stuInfo 创建唯一复合索引。

参考代码：

CREATE UNIQUE Index IX_S_SName

ON stuInfo (schId，stuName)

With

PAD_INDEX，

FILLFACTOR=80，

IGNORE_DUP_KEY

【例 6.3】 使用 DROP INDEX 语句删除索引。

删除操作比较简单，其语法如下：

DROP INDEX table.Index[, …n]

其中，table 为包含索引的表名，index 为索引名。表名与索引之间用点号分隔。

删除表 stuInfo 的 IX_stuID 和 IX_S_SName 索引。

参考代码：

Drop Index Test.IX_S_SName，stuInfo_CreateIndex.IX_stuID

### 6.2.3 案例练习

【练习 6.1】 完成教学案例。

【练习 6.2】 完成创建 stuScores 表的聚合索引。

# 本章小结

本章简要介绍了 SQL Server 中数据存储的基本原理、存储文件的主要类型及数据访问的方式。重点讲解了索引的基本概念、原理、聚集索引和非聚集索引及其使用方式。通过本章的介绍，要求读者了解 SQL Server 数据库存储结构、索引原理，结合实际灵活建立索引，提高查询速度。

# 习　题

1. 数据库的存储类型有哪些？

2. 简述 SQL Server 数据的访问。

3. 什么是聚集索引，什么是非聚集索引，在什么情况下去创建这些索引？

# 第 7 章　T-SQL 语言

【学习目标】
☞　理解 T-SQL 中的局部变量和全局变量；
☞　掌握使用 T-SQL 进行程序设计的方法。

【知识要点】
📖　T-SQL 变量的特点；
📖　程序流程控制语句的使用。

SQL 语言是一种用于存取和查询、更新、删除及管理数据库系统中数据的结构化查询语言。T-SQL 语言全称为 Transact-SQL 语言，是对标准 SQL 语言的扩展和增强，是用于应用程序和 SQL Server 之间通信的主要语言，包括 DDL 语言（数据定义语言）、DML（数据操作语言）、DCL（数据控制语言）、存储过程、系统表、函数、数据类型和程序流程控制语句等。

DDL（Data Definition Language，数据定义语言）：这种语言主要用于定义或改变表（TABLE）的结构、数据类型、表之间的链接和约束等初始化工作，主要包括 CREATE、ALTER、DROP 等语句，大多在建立对象时使用。

DML（Data Manipulation Language，数据操纵语言）：这种语言使用户能够查询数据库以及操作已有数据库中的数据，具体是指 SELECT 查询、UPDATE 更新、INSERT 插入、DELETE 删除等语句。

DCL（Data Control Language，数据控制语言）：这种语言主要用于对对象权限的控制，如对用户进行授权（Grant）、回收权限（Revoke）等。

## 7.1　T–SQL 变量

变量其实就是内存中的一个存储区域，存储在这个区域中的数据就是变量的值，它由系统或用户定义并赋值。在 T-SQL 语句中变量有两种：局部变量与全局变量。这两种变量在使用方法和具体意义上均不相同。

### 7.1.1　知识点

#### 1. 局部变量

局部变量是作用域局限在一定范围内的变量，是用户自定义的变量。一般来说，局部变量的使用范围局限于定义它的批处理内。定义它的批处理中的 SQL 语句可以引用这个局部变量，直到批处理结束，这个局部变量的生命周期也就结束了。局部变量在程序中通常用来存储从表中查询到的数据或当作程序执行过程中暂存变量使用。

（1）声明局部变量。

在使用一个局部变量之前，必须先声明该变量。声明一个局部变量的语法格式为：

DECLARE @变量名　变量类型[，@变量名　变量类型]……

声明语句中的各部分说明如下：

① 变量名的命名必须遵循 SQL Server 的标识符命名规则，并且必须以字符"@"开头。

② 局部变量的类型可以是系统数据类型，也可以是用户自定义的数据类型。

③ DECLARE 语句可以声明一个或多个局部变量，变量被声明以后初值是 NULL。

如：

Declare @a char（2）

（2）局部变量赋值。

使用 SET 语句或 SELECT 语句给局部变量赋值，其语法格式为：

SELECT @变量名=表达式[，@变量名=表达式]……

或

SET @变量名=表达式

注：表达式应该是有效的 SQL Server 表达式，且类型应与局部变量的数据类型相匹配。SELECT 语句和 SET 语句用于赋值时的区别在于：使用 SET 语句一次只能给一个变量赋值，而在 SELECT 语句中可以一次给多个变量赋值。事实上，SELECT 赋值时常用于从数据表中查询数据结果给变量赋值，而 SET 语句常用于一般运算或常量值赋值。

例如：

Select @a=stuSex from dbo.stuInfo where autoID=94239

或

Set @a='男'

（3）显示变量的值。

要显示变量的值可以使用 SELECT 或 Print 语句，其语法格式为：

SELECT 变量名

或

Print 变量名

注：使用 SELECT 和 Print 语句可显示变量的值，其区别在于 SELECT 以表格方式显示变量值，而 Print 语句在消息框中显示变量值。

Select @a

或

Print @a

### 2. 全局变量

全局变量是以"@@"开头，是由系统预先定义并负责维护的变量，也可以把全局变量看成是一种特殊形式的函数。全局变量不可以由用户随意建立或修改，作用范围也并不局限于某个程序，任何程序均可调用。常用的全局变量有三十多个，通常用来存储一些 SQL Server

的配置值和效能统计数字，用户可以通过查询全局变量来监测系统的参数值或者执行查询命令后的状态值。

全局变量是由 SQL Server 服务器定义的，不是用户自己定义的，用户只能使用预先定义的全局变量，且在引用全局变量时，必须以"@@"开头。另外，局部变量的名称不能与全局变量的名称相同，否则就会在应用程序中出错。

下面列举几个常用的全局变量及其含义：

@@CONNECTIONS：返回 SQL Server 自上次启动以来所有针对此服务器的尝试的连接数，无论连接是成功还是失败。

@@ERROR：返回执行的上一个 T-SQL 语句的错误号。

@@ROWCOUNT：返回受上一条 SQL 语句影响的行数。

@@IDENTITY：返回最后插入的标识列的列值。

@@NESTLEVEL：返回对本地服务器上执行的当前存储过程的嵌套级别（初始值为 0）。

@@SERVERNAME：返回运行 SQL Server 的本地服务器名称。

@@SPID：返回当前用户进程的会话 ID。

@@VERSION：返回当前 SQL Server 的安装版本、处理器体系结构、生成日期和操作系统。

例如：使用"@@ERROR"变量在一个 UPDATE 语句中检测限制检查冲突（错误代码为#547）。

UPDATE StudInfo SET StudSex='XX'WHERE StudNo='20050319001'

IF @@ERROR=547

PRINT '出现限制检查冲突，请检查需要更新的数据限制'

## 7.1.2 教学案例

【例 7.1】 声明局部变量@stuName，将其赋值为学号是"********0800412329"的学生姓名。

DECLARE @stuName varchar（20）

SELECT @stuName=stuName FROM StuInfo

WHERE StuID='********0800412329'

【例 7.2】 声明局部变量，赋值并显示变量值。

DECLARE　@StuName　varchar (20)

DECLARE　@Salary　int

Set　@StuName='李明'

Set　@Salary=50

SELECT　@StuName

Print　@Salary

【例 7.3】 在 UPDATE 语句后使用@@ROWCOUNT 变量来查询更新的状态，如果为 0 表示没有更新成功。

UPDATE StudInfo SET StuSex='XX' WHERE StuID=' ********800412329'

select @@ROWCOUNT

### 7.1.3 案例练习

声明两个变量，分别获取学校编码为"580304"的男生人数和女生人数，并显示。

## 7.2 程序流程控制语句

SQL Server 支持结构化的编程方法，包括顺序结构、选择结构、循环结构。使用这些流程控制语句可以控制命令的执行顺序，以便更好地组织程序运算逻辑。SQL Server 中的流程控制语句有 BEGIN…END、IF…ELSE WHILE…CONTINUE…BREAK、GOTO、WAITFOR、RETURN 等。

正常情况下，多条 T-SQL 语句从上往下依次执行。但有些语句的执行必须要等前边语句执行成功后才能执行，如 INSERT 必须要等到插入表被创建成功时才能执行，若将这些语句写成一段代码并一起选中运行，则编写程序时必须在 CREATE 语句后、INSERT 语句前加 GO 语句才能正确执行。这里的 GO 语句当做一个批处理的标志，表示前边执行完毕后才能执行后边的语句。当语句中需要使用注释时，在语句后使用"--"符号声明注释语句，或使用"/*…*/"声明一个注释段落。

### 7.2.1 知识点

#### 1. BEGIN…END

BEGIN…END 语句相当于其他语言中的复合语句，如 C 语言中的{}，用于将多条 T-SQL 语句封装为一个整体的语句块，视为一个单元执行。在实际应用中，BEGIN…END 语句一般与 IF…ELSE、WHILE 等语句联用，当判断条件符合需要执行两个或者多个语句时，就需要使用 BEGIN…END 语句将这些语句封装为一个语句块。BEGIN…END 语句块允许嵌套。

语法：
```
BEGIN
{
    SQL 语句块|程序块
}
END
```

#### 2. 单条件分支语句

IF…ELSE 语句是条件判断语句，用以实现选择结构。当 IF 后的条件成立时就执行其后的 T-SQL 语句，条件不成立时执行 ELSE 后的 T-SQL 语句。其中，ELSE 子句是可选项，如果没有 ELSE 子句，当条件不成立则执行 IF 语句后的其他语句。

语法：
```
IF<条件表达式>
    {SQL 语句块|程序块}
```

[ ELSE

  {SQL 语句块|程序块}

]

注意：

（1）条件表达式是作为执行和判断条件的布尔表达式，返回 TRUE 或 FALSE，如果布尔表达式中含有 SELECT 语句，必须用圆括号将 SELECT 语句括起来。

（2）程序块是一条 T-SQL 语句或是一个 BEGIN...END 语句块。

（3）IF…ELSE 语句允许嵌套使用，可以在 IF 之后或在 ELSE 下面，嵌套另一个 IF 语句，嵌套级数的限制取决于可用内存。

例如：判断变量的值。

Declare @i Integer

Set @i=3

IF @i>5

PRINT 'i 的值大于 5'

又如：判断学生成绩表中是否存在成绩信息，如果有，则显示有多少条记录。

IF EXISTS（SELECT * FROM stuScores）

  begin

   PRINT '成绩表中有数据！'

   SELECT count (*) FROM stuScores

  end

 ELSE

   PRINT '成绩表目前没有数据！'

### 3. 多条件分支语句

（1）IF 多条件分支。

IF…EISE 语句嵌套可用于多条件分支执行。

语法：

IF<条件表达式>

  {SQL 语句块|程序块}

ELSE IF <条件表达式>

  {SQL 语句块|程序块}

…

ELSE

  {SQL 语句块|程序块}

注意：执行 IF 多条件分支语句时，只执行第一个匹配的程序块。

如：使用 IF 语句判断学生成绩等级。

Declare @AvgScore Integer

Set @AvgScore =70

```
If @ AvgScore >=90
        set @ScoreLevel='优秀'
else if @AvgScore>=80
    set @ScoreLevel='良好'
else if @ AvgScore>=70
    set @ScoreLevel='中等'
else if @ AvgScore>=70
    set @ScoreLevel='及格'
else
    set   @ScoreLevel='不及格'
print   @ScoreLevel
```

（2）CASE 多条件分支。

CASE 语句和 IF…ELSE 语句一样，也可用来实现多分支结构。但 CASE 语句主要作为分支表达式使用，会有返回值（类似函数），不单独作为语句使用。T-SQL 语句可分为简单的 CASE 语句和搜索 CASE 语句两种。

CASE 语句有两种语句格式：

① 简单 CASE 语句。

语法：

```
CASE<元素式>
      WHEN<运算式>THEN<运算式>
      …
      WHEN <运算式>THEN<运算式>
      [ELSE<运算式>]
END
```

说明：

a. CASE 后的表达式用于和 WHEN 后的表达式逐个进行比较，两者数据类型必须相同，或必须是可以进行隐式转换的数据类型。

b. 表示可以有多个 "WHEN 表达式 THEN 结果表达式"结构。

c. THEN 后面给出当 CASE 后的表达式值与 WHEN 后的表达式相等时，要返回的结果表达式。

d. 简单 CASE 语句的执行过程为：首先计算 CASE 后面的表达式的值，然后按制定顺序对每个 WHEN 子句后的表达式进行比较，当遇到与 CASE 后表达式值相等的，则执行对应的 THEN 后的结果表达式，并退出 CASE 结构；若 CASE 后的表达式值与所有 WHEN 后的表达式均不相同，则返回 ELSE 后的结果表达式；若 CASE 后的表达式值与所有 WHEN 后的表达式均不相等，且 "ELSE 结果表达式"部分省略，则返回 NULL 值。

例如：使用简单 CASE 判断变量的值。

```
DECLARE @a int，@answer char (10)
Set @a=cast (rand () *10 AS int)
```

```
Print @a
Set @answer=case @a
     When 1 then 'A'
     When 2 then 'B'
     When 3 then 'C'
     When 4 then 'D'
     When 5 then 'E'
     ELSE 'others'
     END
Print 'the answer is'+@answer
```
② 搜索 Case 语句。

语法：

CASE

  WHEN<条件表达式>THEN<运算式>

  WHEN<条件表达式>THEN<运算式>

…

[ELSE<运算式>]

END

说明：

a. CASE 后无表达式。

b. WHEN 后的条件表达式是作为执行和判断条件的布尔表达式。

c. 表示可以有多个"WHEN 条件表达式 THEN 结果表达式"结构。

d. 搜索 CASE 语句的执行过程为：首先测试 WHEN 后的条件表达式，如果为真，则执行 THEN 后的结果表达式，否则进行下个条件表达式的测试。若所有 WHEN 后的条件表达式都为假，则执行 ELSE 后的结果表达式。若有 WHEN 后的条件表达式都为假，且"ELSE 结果表达式"部分被省略，则返回 NULL 值。注意：执行 CASE 多条分支语句时，只执行第一个匹配的子句。

例如：使用 CASE 语句判断学生语文成绩等级。

```
Declare @yw numeric (5, 1)
Declare @ScoreLevel Varchar (10)
SELECT @yw=yw ROM StuScores WHERE stuIdentity='********9409231379'
SET @ ScoreLevel=Case
     When @ yw >=90 Then '优秀'
     When @ yw >=80 Then '良好'
     When @ yw >=70 Then '中等'
     When @ yw >=60 Then '及格'
     Else
        '不及格'
```

End

Print @ScoreLevel

### 4. 循环语句

WHILE 语句用以实现循环结构，其功能是满足条件的情况下会重复执行 T-SQL 语句或语句块。当 WHILE 后面的条件为真时，就重复执行 BEGIN…END 之间的语句块。WHILE 语句中的 CONTINUE 和 BREAK 可以是可选项。若有 CONTINUE 语句，其功能是使程序跳出本次循环，开始执行下一次循环。而执行 BREAK 语句时，会立即终止循环，结束整个 WHILE 语句的执行，并继续执行 WHILE 语句后的其他语句。

语法：

WHILE　条件表达式

　　BEGIN

　　　　程序块

　　　　[BREAK]

　　　　程序块

　　　　[CONTINUE]

　　　　程序块

　　END

说明：

（1）条件表达式是作为执行和判断条件的布尔表达式，返回 TRUE 或 FALSE，如果布尔表达式中含有 SELECT 语句，必须用圆括号将 SELECT 语句括起来。

（2）程序块是一条 T-SQL 语句或者是一个 BEGIN…END 语句块。

例如：使用 WHILE 语句计算 1～99 的和。

Declare @i int，@S int

Set @i=1

Set @S=0

While @i<=99

　　Set @S=@S+@i

　　Set @i=@i+1

　　End

　　Print @S

### 5. WAITFOR 语句

WAITFOR 语句用于在达到指定时间或时间间隔之前，阻止执行批处理、存储过程或事物，直到所设定的时间已到或等待了指定的时间间隔之后才继续往下运行。

语法：

WAITFOR DELAY 等待时间|TIME 完成时间

注意：

（1）DELAY："等待时间"是指定可以继续执行批处理、存储过程或事物之前必须经过的指定时段，最长可为 24 小时。可使用 datetime 数据可接受的格式之一指定"等待时间"，也可以将其指定为局部变量，但不能指定日期，因此不允许指定 datetime 值的日期部分。

（2）TIME："完成时间"是指定运行批处理、存储过程或事务的具体时刻。可以使用 datetime 数据可接受的格式之一指定"完成时间"，也可以将其指定为局部变量，但不能指定日期，因此不允许指定 datetime 值的日期部分。

例如：使用 WAITFOR delay，等待 0 小时 0 分 2 秒后执行 SELECT 语句。

WAITFOR delay '00：00：02'

SELECT * FROM StudInfo

### 6. RETURN 语句

RETURN 语句用于结束当前程序的执行，无条件地终止一个查询、存储过程或者批处理、返回到上一个调用它的程序或其他程序在括号内可指定一个返回值。此时位于 RETURN 语句之后的程序将不会被执行。

语法：

RETURN[integer_expression]

注：

（1）参数 integer_expression 为返回的整型值。存储过程可以调用过程或应用程序返回整型值。

（2）从查询或过程中无条件退出。

（3）可以在任何时候用于从过程、批处理或语句块中退出。

（4）不执行位于 RETURN 之后的语句。

如：

CREATE procedure CheckScore

As

If EXISTS（SELECT *FROM StudScoreInfo WHERE StudScore=100）

   Return（SELECT COUNT（*））FROM StudScoreInfo WHERE StudScore=100）

Else

   Return 0

### 7. GOTO 语句

GOTO 语句用于跳转到有标号的语句位置顺序执行。

语法：

定义标签：

   Label：

改变执行：

   GOTO label

注：

（1）该语句将执行流程变更到标签处。

（2）跳过 GOTO 之后的 Transact-SQL 语句，在标签处继续处理。

（3）GOTO 语句和标签可在过程、批处理或语句块中的任何位置使用。

（4）GOTO 可嵌套使用。

（5）参数 Label：若有 GOTO 语句指向此标签，则其为处理的起点。标签必须符合标识符规则。无论是否使用 GOTO 语句，标签均可作为注释方法使用。

如：

```
Declare @number Smallint
Set @number=cast (rand ()*100 AS int)
If (@number%3)=0
GOTO Three
Else GOTO NotThree
Three：
    Print '3 的倍数： '+cast (@number AS varchar)
    Goto theEnd
NotThree：
    Print '不是 3 的倍数'+Convert (varchar (2), @number)
theEnd
```

## 7.2.2　教学案例

【例 7.4】　编写程序，判断学生输入的身份证号和密码是否正确，返回验证结果成功或失败。

```
declare @uid char (18)    --存放学生输入的身份证号
declare @pwd char (6)     --存放学生输入的密码
--给学生数据赋初值
set @uid='********960829264x'
set @pwd='29264x'
if exists (select * from stuInfo where stuIdentity=@uid and stuPwd=@pwd)
    select '成功'
else
    select '失败'
```

【例 7.5】　给 students 表的指定学校指定班级学生分配学号。

（1）参考代码一（使用 GOTO 语句实现循环）。

```
--1 声明学号自增量 i=1
declare @schId char (6)
declare @classId char (2)
set @schId='580101'
set @classId='01'
declare @i int
set @i=1
--2 将当前的学号自增量前加上 schID+classId 形成完整的学号
```

```
declare @stuNo char (10)
loop：
    set @stuNo=@schId+@classId+ (case when @i<10 then '0'+cast (@i as char (1)) else cast (@i
as char (2)) end )
    print @stuNo
    --3 将生成的完整学号更新到该班的个学生的 stuID 字段
    update stuInfo set stuId=@stuNo where schid=@schId and classId=@classId and autoId=
(select min (autoId) from stuInfo where schid=@schId and classId=@classId and stuid is null)
    --4 将 i 自增
    set @i=@i+1
    --5 重复执行第 2 到第 4 步，直到该班所有学生 stuID 都有数据为止
    if exists（select * from stuInfo where schId=@schId and classId=@classID and    stuId is null）
        goto loop
```

（2）参考代码二（使用 WHILE 语句实现循环）。

```
--1 声明学号自增量 i=1
declare @schId char (6)
declare @classId char (2)
set @schId='580101'
set @classId='01'
declare @i int
set @i=1
--2 将当前的学号自增量前加上 schID+classId 形成完整的学号
declare @stuNo char (10)
while exists (select * from stuInfo where schid=@schId and classId=@classID and stuid is null)
begin
    set @stuNo=@schId+@classId+ (case when @i<10 then '0'+cast (@i as char (1)) else cast(@i
as char (2)) end)
    print @stuNo
    --3 将生成的完整学号更新到该班的个学生的 stuID 字段
    update stuInfo set stuId=@stuNo where schId=@schId and classId=@classId
    and autoId=(select min (autoId) from stuInfo where schId=@schId and classId=@classId and
stuid is null)
    --4 将 i 自增
    set @i=@i+1
end
```

## 7.2.3  案例练习

编写程序，计算 1!+2!+3!+4!+5! 的值并输出。

# 本章小结

本章主要介绍了 SQL Server 中程序设计的基本知识。讲解 T-SQL 中的局部变量和全局变量，程序流程控制语言。通过本章的学习使读者初步掌握 T-SQL 进行程序设计的方法。

# 习 题

## 一、填空题

1. @@开头的变量是_____变量。

2. if 后的条件表达式是否需要使用括号括起来?_____。

3. 当分支语句的某个分支中有多条语句时，使用_____语句将这些语句作为一个整体语句块使用。

在 SQL Server 2008 中，一个批处理语句是以_____结束的。

4. 返回值使用_____语句。

5. 当在表达式位置需要多次比较返回一个值时，适合使用_____语句。

## 二、编程题

1. 如果 stuInfo 表中 stuid 为 "*********960829264x" 的学校编号在 schoolInfo 表存在，则返回 "有效的学校号"，否则显示 "学校号无效"。

2. 通过循环语句判断 stuInfo 表的 autoId 字段从 1 到最大值之间有多少个空缺。

# 上机实训

1. 根据 stuInfo 表中的记录情况，给新加入 580101 学校 01 班的学生编一个学号并显示出来。编号规则为：6 位学校号+2 位班级号+3 位顺序号。注意查漏补缺。

2. 思考并上机实现：如何自动给 students 每个班的学生都分配学号？

# 第8章　存储过程与自定义函数

【学习目标】

☞ 了解存储过程的基本概念；

☞ 掌握存储过程的定义与调用方法；

☞ 掌握存储过程的设计思路与编写方法；

☞ 了解自定义函数的基本概念；

☞ 掌握表值函数的定义与调用方法。

【知识要点】

📖 存储过程的基本概念；

📖 存储过程的定义域调用；

📖 存储过程的应用案例；

📖 自定义函数的基本概念；

📖 表值函数的定义域调用；

📖 函数的应用案例。

## 8.1　存储过程的基本概念

### 8.1.1　知识点

#### 1. 存储过程的概念

存储过程（Stored Procedure）是数据库中为了完成特定功能而编写的一组 SQL 语句集，经编译后存储在数据库中，当需要使用这些功能时，用户通过存储过程的名字并给出必要的参数来执行它。

#### 2. 存储过程的类别

（1）系统存储过程。

以 sp_开头，主要用于系统级别数据处理。

（2）本地存储过程。

由用户创建的存储过程，一般所说的存储过程就是指本地存储过程。

（3）临时存储过程。

分为两种存储过程：

一是本地临时存储过程，以"井字号"（#）作为其名称的第一个字符，则该存储过程将成为一个存放在 tempdb 数据库中的本地临时存储过程，且只有创建它的用户才能执行它；

二是全局临时存储过程，以两个井字号（##）号开始，则该存储过程将成为一个存储在 tempdb 数据库中的全局临时存储过程，全局临时存储过程一旦创建，以后连接到服务器的任意用户都可以执行它，而且不需要特定的权限。

（4）远程存储过程。

在 SQL Server 2005 中，远程存储过程（Remote Stored Procedures）是位于远程服务器上的存储过程，通常可以使用分布式查询和 EXECUTE 命令执行一个远程存储过程。

（5）扩展存储过程。

扩展存储过程（Extended Stored Procedures）是用户可以使用外部程序语言编写的存储过程，而且扩展存储过程的名称通常以 xp_开头。

### 3. 存储过程的创建与调用

（1）存储过程创建的一般形式：

CREATE PROC 过程名

@形参 1 类型，

@形参 2 类型…

AS

SQL 语句

（2）存储过程调用的一般形式：

EXEC 过程名  参数 1，参数 2….

或者：

EXEC 过程名  形参 1=参数 1，形参 2=参数 2….

使用第 2 种方法调用存储过程时可以不按参数声明的顺序给出实参。

### 4. 存储过程的修改

ALTER PROC 过程名

@形参 1 类型，

@形参 2 类型…

AS

SQL 语句

注：通过 ALTER 命令用新的存储过程定义替换原有的存储过程定义即是对存储过程的修改，实际上修改存储过程除了用到的过程名跟原有的过程名一致以外与原存储过程没有任何关联。

### 5. 存储过程的删除

drop proc 过程名

## 8.1.2  教学案例

【例 8.1】  创建获取各学校学生人数的存储过程并调用。

（1）参考代码：

```
create proc pro_getStuCounts
as
select schID，人数=count (*) from stuInfo group by schID
```

（2）调用调试：

```
exec pro_getStuCounts
```

（3）运行结果（见图 8.1）。

| | schID | 人数 |
|---|---|---|
| 1 | 580319 | 138 |
| 2 | 580228 | 42 |
| 3 | 580511 | 188 |
| 4 | 580011 | 276 |
| 5 | 580512 | 197 |
| 6 | 580412 | 49 |
| 7 | 580215 | 230 |
| 8 | 580404 | 784 |

图 8.1

【例 8.2】 创建获取指定学校人数的存储过程并调用。

（1）参考代码：

```
create proc proc_countSpecialSchool
@schId char (9)
as
select count (*) as 人数
from stuInfo
where schID=@schID
```

（2）调用调试：

```
exec proc_countSpecialSchool '580101'
```

（3）运行结果（见图 8.2）。

图 8.2

## 8.1.3  案例练习

【练习 8.1】 创建学生登录存储过程并调用。

思考：如何把 T-SQL 章节中生成班级学号的程序改成存储过程（用于给指定学校的指定班级生成学号）？

## 8.2 带 output 参数的存储过程

当需要将存储过程的执行结果存储到调用存储过程时传递进来的参数中并返回出去时，可以使用 output 参数。

### 8.2.1 知识点

#### 1. output 参数

output 参数即输出参数，与普通输入参数不同的是，output 在定义时除了需要声明参数类型外，还要在参数后加上 output 关键字，且这种参数只能声明在存储过错参数列表尾部，一个存储过程可以有多个 output 参数。在调用存储过程时不需要给 output 参数设置初始值，只需传递一个与 output 参数同类型的参数变量且打上 output 标识给存储过程即可。

#### 2. output 参数存储过程的定义与调用形式

（1）output 参数的定义形式：
CREATE PROC 过程名
@形参名 类型，…
@变参名 类型　OUTPUT
AS
SQL 语句
注意：output 参数可以有多个，其间用逗号隔开。
（2）output 参数的调用形式：
exec 过程名 变量，…变量 output
注意：output 参数必须放在实参的最后。

### 8.2.2 教学案例

【例 8.3】 修改练习 8.1，设置 output 参数以获取登录验证的结果。
（1）参考代码：
```
create proc proc_login
    @userId char (18)，@userPass char (6)，@results varchar (10) output
as
    if exists (select * from stuInfo where stuIdentity=@userId and stuPwd=@userPass)
    set @results='成功'
```

```
else
    set @results='失败'
```
（2）调用调试：
```
--声明用于 output 实参传递的变量
declare @re varchar (10)
--传递 output 实参调用存储过程
exec proc_login '*********960829264x', '29264x', @re output
--输出存储过程中返回的 output 实参变量值
print @re
```
注意：带 output 参数的存储过程在调用前需声明同等类型的变量，再以 output 实参形式
调用传递变量；调用结束后，实参里将存放在存储过程中产生的值供程序的后续代码使用。

（3）运行结果（见图 8.3）。

图 8.3

【例 8.4】 修改例 8.2，使用 output 参数输出指定学校的人数。

（1）参考代码：
```
create proc proc_countSpecialSchoolOut
    @schID char (9)，@result int out
as
    select @result=coun t(*) as 人数
    from stuInfo
    where schID=@schID
```
（2）调用调试：
```
declare @re varchar (10)
exec proc_countSpecialSchoolOut '580101'，@re output
print @re
```
（3）运行结果（见图 8.4）。

图 8.4

## 8.2.3 案例练习

【练习 8.2】 创建存储过程，获取指定学校男生人数和女生人数。提示：不能通过一个
变量获取多个返回值。

## 8.3 登录存储过程的几种设计方法

### 8.3.1 知识点

账户登录验证是数据库系统中最普遍的功能模块。本节将给大家介绍几种常见登录存储过程的设计方法。

**1. 使用 return 方式返回登录验证结果**

通过 return 以值的形式直接返回登录验证结果，适用于只返回登录成功与失败的情况。如果在.net 环境调用存储过程，直接以 ExcuteScalar()方法执行命令获取返回 object 类型的结果。

**2. 使用 select 以表结果形式返回验证的账户信息**

通过 select 查询以表结果形式直接返回与验证账户相关的数据信息，适合于需要返回账户多重信息，如验证结果、账户昵称、账户权限组别等情况。如果在.net 环境调用存储过程，需要使用 SqlDataReader 或 DataSet 获取表结果数据。

**3. 使用 output 参数返回验证结果**

通过 output 参数将需要返回的验证信息、账户相关信息等直接返回至实参变量。如果在.net 环境调用存储过程，需要使用 output 参数获取返回结果。

### 8.3.2 教学案例

【例 8.5】 创建登录存储过程，验证以 stuIdentity 和 stuPwd 传递的学生登陆信息是否正确，分别返回 1 和 0。

（1）参考代码：

```
create proc proc_login
    @userId char (18)， @userPass char (6)
as
begin
    if exists (select * from stuInfo where stuIdentity=@userId and stuPwd=@userPass)
        select 1
    else
        select 0
end
```

注：当返回的是单个结果值的时候，可以使 select 或 return。

（2）调用调试：

```
exec proc_login  '********960829264x', '29264x'
```

（3）运行结果（见图 8.5）。

图 8.5

【例 8.6】 创建登录存储过程，验证以 stuIdentity 和 stuPwd 传递的学生登陆信息是否正确，以表结果的形式返回登录验证状态、用户名、用户学校代码。

（1）参考代码：

```
create proc proc_login_select
    @userId char (18)，@userPass char (6)
as
begin
    if exists (select * from stuInfo where stuIdentity=@userId and stuPwd=@userPass)
    select 1 as state，stuName，schId from stuInfo where stuIdentity =@userId
    else
    select 0 as state，'' as userName，'' as userType
end
```

（2）调用调试：

```
    exec proc_login_ select '********960829264x'，'29264x'
```

（3）运行结果（见图 8.6）。

图 8.6

【例 8.7】 创建登录存储过程，验证以 stuIdentity 和 stuPwd 传递的学生登陆信息是否正确，以 out 参数的形式返回登录验证状态、用户名、学校代码。

（1）参考代码：

```
create proc proc_login_returnOut
    @userId char (18)，@userPass char(6)，
    @state char (1) output，
    @stuName varchar (20) output，
    @schId char (6) output
as
begin
    if exists (select * from stuInfo where stuIdentity=@userId and stuPwd=@userPass)
    select @state='1'，@schId=schId，@stuName=stuName from stuInfo where stuIdentity =
@userId
    else
```

```
      select @state='0'
end
```

（2）调用调试：

```
declare @state char (1)，@stuName varchar (50)，@schId char (1)
exec proc_login_returnOut '********960829264x'，'29264x'，@state output，@stuName
output，@schId output
select @state as 登录状态，@stuName as 学生姓名，@schId as 学校代码
```

（3）运行结果（见图8.7）。

图 8.7

## 8.4　考号编排存储过程

### 8.4.1　知识点

本节将通过考号编排案例给大家介绍综合运用 T-SQL 语言，以循环访问（包括读写）数据表记录的方式，编写复杂存储过程的方法。

### 8.4.2　教学案例

【例 8.8】编写存储过程，给 students 表的学生自动分配考号。考号编码规则如：2013（年）5800（区县）01（考场）01（考室）01（座号），共 14 位，每个区县单独设定考场，每 1 000 人设 1 个考场，每 30 个人设置 1 个考室，以此类推。

（1）案例分析：

可以通过 stuInfo 获取任意一个 examNum 为空的区县编号（left（schId，4）即是），计算出当前区县到底需要设置几个考场，然后按照考号编排规则生成一个考号将其设置到该区县任意一个尚未分配考号的学生 examNum 字段，以此往复，直到该区县不存在有学生未被分配到考号为止。然后继续获取下一个未分配考号的区县，用同样的方法生成该区县每个考生的考号，直到不存在有区县有学生未被分配到考号为止。此案例需用到多层循环。

（2）参考代码：

```
create proc proc_produceExamNum
as
--编码规则：2013（年）5800（区县）01（考场）01（考室）01（座号），共 14 位
update stuInfo set examNum=null
declare @examSites int，@examSiteSn int--考场总数和考场自增变量
```

136

```
declare @examRooms int，@examRoomSn int--考室总数和考场自增变量
declare @stuSn int--座位号自增变量
declare @areaId char (4)--区县号变量
declare @year char (4) --年份变量
declare @examNumTmp char (14) --临时考号变量


--第一步：获取年份
set @year=cast (datePart (year，getDate ()) as char (4))
--第二步：获取区县
areaLoop：
set @areaId=(select distinct top 1 left (schid，4) from stuInfo where examNum is null)
--第三步：获取考场总数
select @examSites=(COUNT (*)+999)/1000 from stuInfo where left (schId，4)=@areaId
set @examSiteSn=1
examSiteSnLoop：
--第四步：分配考室
set @examRoomSn=1
examRoomSnLoop：
  --第五步：分配座号
  set @stuSn=1
  stuSnLoop：
    --第六步：生成临时考号
    set @examNumTmp=@year+@areaId+
      case when @examSiteSn<10 then '0'+cast (@examSiteSn as char (1)) else cast
(@examSiteSn as char (2)) end+
      case when @examRoomSn<10 then '0'+cast (@examRoomSn as char (1)) else cast
(@examRoomSn as char(2)) end+
      case when @stuSn<10 then '0'+cast (@stuSn as char (1)) else cast (@stuSn as char
(2)) end
    print @examNumTmp --便于测试，将每次生成的考号输出来可以观察是否进入死循
环
    update stuInfo set examNum=@examNumTmp where autoId= (
    select top 1 autoId from stuInfo where left (schId，4)=@areaId and examNum is null)
    if @stuSn<30 and exists (select top 1 autoId from stuInfo where left (schId，4)=@areaId
and examNum is null)
      begin
      set @stuSn=@stuSn+1
      goto stuSnLoop
      end
```

```
    if @examRoomSn< (1000+29) /30 and exists (select top 1 autoId from stuInfo where left
(schId，4) =@areaId and examNum is null)
    begin
        set @examRoomSn=@examRoomSn+1
        goto examRoomSnLoop
    end
    if @examSiteSn<@examSites and exists (select top 1 autoId from stuInfo where left (schId，
4)=@areaId and examNum is null)
    begin
        set @examSiteSn=@examSiteSn+1
        goto examSiteSnLoop
    end
    if exists (select distinct top 1 left (schId，4) from stuInfo where examNum is null)
        goto areaLoop
go
```

（3）调用调试：

```
--清空考号字段
update stuInfo set examNum=null
go
--执行存储过程以分配学号
exec proc_produceExamNum
go
select stuIdentity，stuName，schId，examNum from stuInfo
```

（4）运行结果（见图8.8）。

| | stuIdentity | stuName | schId | examNum |
|---|---|---|---|---|
| 1 | ********960829264x | 陈静 | 580101 | 20135801010101 |
| 2 | ********9009172638 | 陈小芳 | 580101 | 20135801010102 |
| 3 | ********9506242852 | 陈旭 | 580101 | 20135801010103 |
| 4 | ********9607303298 | 段朋 | 580101 | 20135801010104 |
| 5 | ********9505042867 | 段文静 | 580101 | 20135801010105 |
| 6 | ********9601252864 | 冯敏 | 580101 | 20135801010106 |
| 7 | ********9511262866 | 何春艳 | 580101 | 20135801010107 |
| 8 | ********960217276x | 何香 | 580101 | 20135801010108 |
| 9 | ********9507192869 | 李艳（小 | 580101 | 20135801010109 |
| 10 | ********9509152887 | 李园园 | 580101 | 20135801010110 |
| 11 | ********9510152868 | 廖琳琳 | 580101 | 20135801010111 |
| 12 | ********9507282856 | 刘建 | 580101 | 20135801010112 |
| 13 | ********9205092854 | 刘磊 | 580101 | 20135801010113 |
| 14 | ********9608082853 | 刘师意 | 580101 | 20135801010114 |

图 8.8

### 8.4.3　案例练习

【练习 8.3】　使用 WHILE 循环改造【例 8.8】。

# 8.5　分页存储过程

## 8.5.1　知识点

分页在数据库应用程序中使用非常广泛。我们知道，数据库存放的数据可能非常庞大，数据库应用程序一次性从数据库中获取所有数据的需求并不多，一方面拿这么多数据一次也看不完，另一方面不可预期的大批量数据结果可能导致应用程序运行系统崩溃。通常的情况是，应用程序端根据需要以页的形式获取部分数据处理，当需要更多数据时可以使用上一页或下一页的方法逐步获取剩余的数据。尤其是在 web 应用程序中，常常需要在数据库服务器端将数据精简到最小化再传递给 web 服务器处理，再将处理好的数据反馈给浏览器客户端以降低网络数据流量、减少数据对网络资源的占用。数据库端分页存储过程的使用为解决这种需求提供了最佳方案。

### 1．字符串命令变量的执行方法

如查询 students 表的前 n 条记录：

错误：declare @n int

select top @n from students

正确：declare @n int

　　　declare @sqlTxt varchar (500)

set @sqlTxt='select top'+cast (@n as varchar (7)+'from students'

　　　exec (@sqlTxt)

注：仅表达式中取值部分可直接使用变量，否则必须将字符串命令通过连接运算方式存放到字符串变量中，再通过 exec（@变量名）方法执行。

### 2．排行号函数：ROW_NUMBER()

基本语法：

ROW_NUMBER ( ) OVER ( [ PARTITION BY COL1, … [ n ] ] order by COL2)

表示按照 COL1 分组，在分组内部根据 COL2 排序，再给每组内部排序后的记录分配顺序编号（组内连续的唯一的序号）。可以省略 PARTITION BY 子句，对整个查询结果进行统一顺序编号。

如：select stuIdentity, stuName, schId, examNum, row_number () over (partition by schId order by autoId) as 校内序号 from stuInfo

分组结果如图 8.9 所示。

结果 | 消息

| | stuIdentity | stuName | schId | examNum | 校内序号 |
|---|---|---|---|---|---|
| 865 | ********9512080597 | 李鋆石 | 580001 | 20135800012925 | 865 |
| 866 | ********9508260739 | 唐森林 | 580001 | 20135800012926 | 866 |
| 867 | ********9604109529 | 林诗颜 | 580001 | 20135800012927 | 867 |
| 868 | ********9602055750 | 张禹鑫 | 580001 | 20135800012928 | 868 |
| 869 | ********9402093265 | 何维 | 580001 | 20135800012929 | 869 |
| 870 | ********9510133391 | 王勇刚 | 580001 | 20135800012930 | 870 |
| 871 | ********9508010002 | 周洪 | 580001 | 20135800013001 | 871 |
| 872 | ********9508249521 | 陈莹 | 580002 | 20135800013002 | 1 |
| 873 | ********9510205405 | 唐莉 | 580002 | 20135800013003 | 2 |
| 874 | ********9511099528 | 刘逸 | 580002 | 20135800013004 | 3 |
| 875 | ********9606230904 | 冉羽 | 580002 | 20135800013005 | 4 |
| 876 | ********9608159566 | 邓依林 | 580002 | 20135800013006 | 5 |
| 877 | ********950727950X | 卢璐 | 580002 | 20135800013007 | 6 |

图 8.9

与 ROW_NUMBER()函数用法相似的还有 RANK()和 DENSE_RANK()函数，用于排名次。它们根据 ORDER BY 指定列进行排名，如果多条记录在该列具有相同值，则分配相同的名次，其中 RANK()函数的下一个名次会间断至实际名次，而 DENSE_RANK()函数的下一个名次为当前名次加 1 的连续名次。

### 3. 分区函数：NTILE()

基本语法：

NTILE (integer_expression) OVER ([ PARTITION BY COL1，…[ n ] ] order by COL2)

表示按照 COL1 分组，在分组内部根据 COL2 排序，再将每组内部排序后的所有记录划分为 integer_expression 所指定的区块，就像将数据按要求划分为指定的页数一样，给每行一个特定的页号。可以省略 PARTITION BY 子句，对整个查询结果进行统一分区编号。

如：select stuIdentity，stuName，schId，examNum，Ntile (10) over (partition by schId order by autoId) as 校内区号 from stuInfo

分区结果如图 8.10 所示。

结果 | 消息

| | stuIdentity | stuName | schId | examNum | 校内区号 |
|---|---|---|---|---|---|
| 172 | ********9603157836 | 席汉宗 | 580001 | 20135800010622 | 2 |
| 173 | ********9702050575 | 周健棋 | 580001 | 20135800010623 | 2 |
| 174 | ********9411087853 | 袁原 | 580001 | 20135800010624 | 2 |
| 175 | ********9508182873 | 刘志春 | 580001 | 20135800010625 | 2 |
| 176 | ********9505083095 | 雷成 | 580001 | 20135800010626 | 3 |
| 177 | ********9311016695 | 吴启富 | 580001 | 20135800010627 | 3 |
| 178 | ********9512296056 | 李心 | 580001 | 20135800010628 | 3 |
| 179 | ********9405017859 | 李华华 | 580001 | 20135800010629 | 3 |
| 180 | ********9601299339 | 罗睿 | 580001 | 20135800010630 | 3 |
| 181 | ********9602080697 | 谢浩 | 580001 | 20135800010701 | 3 |
| 182 | ********9604236050 | 张靖 | 580001 | 20135800010702 | 3 |
| 183 | ********9506258870 | 陶伟 | 580001 | 20135800010703 | 3 |
| 184 | ********9512197023 | 李儒娟 | 580001 | 20135800010704 | 3 |
| 185 | ********9608310705 | 李梦 | 580001 | 20135800010705 | 3 |
| 186 | ********9412300708 | 李鑫 | 580001 | 20135800010706 | 3 |

图 8.10

如果分区的行数不能被 integer_expression 整除，则将导致一个成员有两种大小不同的组。按照 OVER 子句指定的顺序，较大的组排在较小的组前面。例如，如果总行数是 102，组数是 5，则前 2 个组每组包含 21 行，其余 3 个组每组包含 20 行。另一方面，如果总行数可被组数整除，则行数将在组之间平均分布。例如，如果总行数为 50，有 5 个组，则每组将包含 10 行。

## 8.5.2　教学案例

【例 8.9】　编写存储过程，使用 top 方法实现查询 students 表的第 pageIndex 页的数据信息，每页按 pageSize 条记录计算。

（1）参考代码：

```
create proc proc_studentsPagingByTop
    @pageSize int，@pageIndex int
as
    declare @sqlTxt varchar(500)
    set @sqlTxt='select top '+cast (@pageSize as varchar (3))+' stuIdentity，stuName，stuSex，schId，examNum from stuInfo where autoid not in (select top '+cast (@pageSize*(@pageIndex-1) as varchar (10))+' autoId from stuInfo)'
    exec(@sqlTxt)
```

（2）调用调试：

exec proc_studentsPagingByTop 50，4

（3）运行结果（见图 8.11）。

| | stuIdentity | stuName | stuSex | schId | examNum |
|---|---|---|---|---|---|
| 1 | *******9510013163 | 吴禹 | 女 | 580101 | 20135801010601 |
| 2 | *******9409060180 | 贺燕清 | 女 | 580101 | 20135801010602 |
| 3 | *******9509092909 | 王宇 | 女 | 580101 | 20135801010603 |
| 4 | *******9303202658 | 谭杨 | 男 | 580101 | 20135801010604 |
| 5 | *******9503052869 | 梁玉 | 女 | 580101 | 20135801010605 |
| 6 | *******9701092888 | 刘宇佟 | 女 | 580101 | 20135801010606 |
| 7 | *******9505012860 | 周艳 | 女 | 580101 | 20135801010607 |
| 8 | *******9512102880 | 鞠芙蓉 | 女 | 580101 | 20135801010608 |
| 9 | *******9509112869 | 蒋会 | 女 | 580101 | 20135801010609 |
| 10 | *******950902288x | 张海英 | 女 | 580101 | 20135801010610 |
| 11 | *******9507013138 | 吴文龙 | 男 | 580101 | 20135801010611 |
| 12 | *******9510274506 | 陈文丽 | 女 | 580101 | 20135801010612 |
| 13 | *******9510273010 | 雷志刚 | 男 | 580101 | 20135801010613 |
| 14 | *******9412062710 | 郭林 | 男 | 580101 | 20135801010614 |
| 15 | *******9502282945 | 唐红 | 女 | 580101 | 20135801010615 |

图 8.11

【例 8.10】　编写存储过程，使用 row_number()方法实现查询 students 表的第 pageIndex 页的数据信息，每页按 pageSize 条记录计算。

（1）参考代码：

```
create proc proc_studentsPagingByRowNo2
    @pageSize int, @pageIndex int
as
    select * from (select stuIdentity,stuName,stuSex,schId,examNum,rowNo=row_number
    () over (order by autoid) from stuInfo) studentsByRowNO where  rowNo between
    @pageSize* (@pageIndex-1)+1 and @pagesize*@pageIndex
```

（2）调用调试：

```
exec proc_studentsPagingByRowNo2 50, 4
```

（3）运行结果（见图 8.12）。

| | stuIdentity | stuName | stuSex | schId | examNum |
|---|---|---|---|---|---|
| 1 | ********95512153501 | 赵芬 | 女 | 580406 | 20135804021206 |
| 2 | ********9356743127 | 张雪梅 | 女 | 580406 | 20135804021207 |
| 3 | ********9730309657 | 李靖 | 女 | 580406 | 20135804021208 |
| 4 | ********9402122276 | 杨东 | 男 | 580406 | 20135804021209 |
| 5 | ********950212119x | 何文 | 男 | 580406 | 20135804021210 |
| 6 | ********9701203619 | 钱蓝 | 女 | 580406 | 20135804021211 |
| 7 | ********9509052925 | 何惠敏 | 女 | 580406 | 20135804021212 |
| 8 | ********9506143297 | 王红 | 男 | 580406 | 20135804021213 |
| 9 | ********9506243671 | 冉磊 | 男 | 580406 | 20135804021214 |
| 10 | ********9411214700 | 蒋倩 | 女 | 580406 | 20135804021215 |
| 11 | ********9402253524 | 徐雯 | 女 | 580406 | 20135804021216 |
| 12 | ********9508263552 | 蔡小辉 | 男 | 580406 | 20135804021217 |
| 13 | ********9505157023 | 蔡帆 | 男 | 580406 | 20135804021218 |
| 14 | ********9404281293 | 吴佳骏 | 男 | 580406 | 20135804021219 |
| 15 | ********9506012936 | 钱伦 | 男 | 580406 | 20135804021220 |
| 16 | ********9411142914 | 宋跃东 | 男 | 580406 | 20135804021221 |

图 8.12

【例 8.11】 编写存储过程，使用 NTILE()方法实现查询 students 表的第 pageIndex 页的数据信息，总共分 pageCounts 页。

（1）参考代码：

```
create proc proc_pagingByNtile
@pageIndex int, @pageCounts int
as
begin
    select stuIdentity, stuName, stuSex, schId, examNum from (select *, 页码=ntile
(@pageCounts) over (order by autoId) from stuInfo) a
    where 页码=@pageIndex
end
```

（2）调用调试：

```
exec proc_pagingByNtile 50, 100
```

（3）运行结果（见图 8.13）。

图 8.13

| | stuIdentity | stuName | stuSex | schId | examNum |
|---|---|---|---|---|---|
| 1 | ********960501091x | 刘洪成 | 男 | 580403 | 20135804010516 |
| 2 | ********9606220513 | 张耕凤 | 男 | 580403 | 20135804010517 |
| 3 | ********940521812x | 邓红 | 女 | 580403 | 20135804010518 |
| 4 | ********9409220020 | 廖于暇 | 女 | 580403 | 20135804010519 |
| 5 | ********9701171879 | 熊峰 | 男 | 580403 | 20135804010520 |
| 6 | ********9408272529 | 朱咏雪 | 女 | 580403 | 20135804010521 |
| 7 | ********9409280971 | 蔡四文 | 男 | 580403 | 20135804010522 |
| 8 | ********9610134124 | 漆芹田 | 女 | 580403 | 20135804010523 |
| 9 | ********9508180546 | 唐雪梅 | 女 | 580403 | 20135804010524 |
| 10 | ********9402180724 | 董雪梅 | 女 | 580403 | 20135804010525 |
| 11 | ********9501268690 | 王波 | 男 | 580403 | 20135804010526 |
| 12 | ********9607020580 | 查丹 | 女 | 580403 | 20135804010527 |
| 13 | ********9405200938 | 刘晶元 | 男 | 580403 | 20135804010528 |

## 8.5.3　案例练习

【练习 8.4】　编写存储过程，查询指定学校第 pageIndex 页的数据信息，总共分为 page-Counts 页。pageIndex 和 pageCounts 是整数变量，调用存储过程时以参数形式传递值。

# 8.6　自定义函数

## 8.6.1　知识点

### 1. 自定义函数的分类

（1）标量函数：返回单一值。

标量函数返回一个确定类型的标量值，其返回值类型为除 TEXT、NTEXT、IMAGE、CURSOR、TIMESTAM 和 TABLE 类型外的其他数据类型。函数体语句定义在 BEGIN…END 语句内。在 RETURNS 子句中定义返回值的数据类型，并且函数的最后一条语句必须为 RETURN 语句。

（2）内联表值函数：返回表结果集。

内联表值型函数以表的形式返回一个返回值，即它返回的是一个表。内联表值型函数没有由 BEGIN…END 语句括起来的函数体。其返回的表是由一个位于 RETURN 子句中的 SELECT 命令从数据库中筛选出来。内联表值型函数功能相当于一个参数化的视图。

（3）多语句表值函数：返回临时表。

多语句表值函数可以看作标量函数和内联表值函数的结合体。它的返回值是一个表，但它和标量型函数一样有一个用 BEGIN…END 语句括起来的函数体，返回值的表中的数据是由函数体中的语句插入的。由此可见，它可以进行多次查询，对数据进行多次筛选与合并，弥补了内联表值函数的不足。

### 2. 标量函数声明的调用与定义形式

（1）定义形式：

create function 函数名（形参 1 类型，形参 2 类型…）

returns 返回值类型

as

begin

   …

    return 值或变量

end

（2）调用形式。

在表达式位置使用：拥有者.函数名（实参 1，实参 2…）

注：凡是使用表达式或变量的地方都可以调用函数，如 select、where、update 语句的 set 语句中等。函数由谁创建则由谁拥有，调用时必须加上拥有者标识，默认情况下拥有者是 dbo。

### 3. 内联表值函数的调用与定义形式

Create Function 函数名（形参 1 类型，形参 2 类型…）

RETURNS table

AS

Return（一条使用参数的 SQL 语句）

注：因较少使用，使用说明详见帮助文档。

### 4. 多语句表值函数的调用与定义形式

Create Function 函数名（参数）

Returns 表变量名（表变量各字段定义）

AS

BEGIN

    SQL 语句

END

注：因较少使用，使用说明详见帮助文档。

### 5. 自定义函数的修改

Alter Function 函数名（参数）…

注：跟存储过程的修改类似，修改函数时除使用了原有的函数名以外与原有的函数无其他关联。

### 6. 自定义函数的删除

Drop function 函数名

## 8.6.2 教学案例

【例 8.12】 创建函数，获取指定学校的人数。

（1）参考代码：

```
create function fun_GetSchoolCount（@schId char（9））
    returns int
as
begin
    declare @count int
    select @count=count（*）  from student where schId=@schId
    return @count
end
```

（2）调用调试：

```
select dbo.fun_GetSchoolCount（'580001'）
```

（3）运行结果（见图 8.14）。

图 8.14

【例 8.13】编写函数，获取指定班级下一个可用的学号，学号的编码规则为：班级号+两位班内顺序号（始于 1）。要求查漏补缺。

（1）参考代码：

```
Create function fun_getNewNoInClaSS（@classId char（10））
    Returns char（12）
As
Begin
    declare @i int --学号自然编号累加变量，1，2，3……
    declare @stuNo char（12）    --运算出来的学号变量
    declare @tmpNo char（2）    --2 位学号的临时变量

    set @i=0
    while 1=1
    begin
      set @i=@i+1
      --运算得到 2 位学号编号
      if @i<10
      set   @tmpNo='0'+cast（@i as char（1））
      else
```

145

```
    set @tmpNo=cast（@i as char（2））
--运算得到临时学号
    set @stuNo=@classID+@tmpNo
    if not exists（select stuIdentity，stuName，stuSex，schId，examNum from stuInfo where
stuid=@stuNo）
        begin
            return @stuNo
            break
        end
    end
end
```

（2）调用调试：

Select dbo.fun_getNewNoInClaSS（'1358030405'）

（3）运行结果（见图 8.15）。

图 8.15

### 8.6.3  案例练习

【练习 8.5】  改造例 8.5，将存储过程创建为函数，返回登录验证的结果 TRUE 或 FALSE。

# 本章小结

本章介绍了存储过程和函数的概念，并通过案例讲解了存储过程和函数的定义、调用方法，给大家展示了 T-Sql 语言中常用语句的具体使用方法。案例的设计由浅入深、循序渐进、承前启后、层层推进，为大家解决数据库应用中的实际问题提供了借鉴。

# 习  题

**一、填空题**

1. 创建存储过程使用_____语句。

2. 创建函数使用_____语句。

3. 执行存储过程使用_____语句。

4. 自定义函数包括_____、_____、_____三种。

## 二、判断题

1. (　　) 存储过程不能使用 return 返回数据。
2. (　　) 自定义函数的执行使用 exec 函数名 （参数）。
3. (　　) 存储过程执行时，参数必须放在括号内。
4. (　　) 函数可以放在 select、insert 以及 update 语句中使用。
5. (　　) 带有 output 类型参数的存储过程在传递实参时也必须使用 output 标识。
6. (　　) 存储过程中只能使用查询语句，不能使用更新、删除和修改语句。
7. (　　) 调用自定义函数时，若该函数没有参数，则可以直接使用函数名，省略参数括号。
8. (　　) 调用存储过程时，必须按照定义时的顺序给出实参。

## 三、简答题

1. 存储过程使用 output 参数有何意义？如何使用？
2. 从用途、定义及调用方面谈谈存储过程与自定义函数有何不同。
3. 试比较 ROW_NUBER()、NTILE() 和 RANK() 函数有何不同。
4. 自己思考一种方法，用于解决查询 stuInfo 表中第 10 页记录的问题（每页显示 50 条记录，按照学校编号排序）。

# 上机实训

设计一种使用函数的解决方案，实现对每位学生学号的批量生成。学号的编码规则为：班级编号+两位班内顺序号（始于 01）。

# 第9章 游 标

【学习目标】

☞ 了解游标的概念；

☞ 掌握游标的使用方法。

【知识要点】

📖 游标的基本概念；

📖 游标的使用。

## 9.1 游标的概念

### 9.1.1 游标的概念

当用户需要对查询的表结果集合进行逐行操作时，需要使用游标（cursor）。在 SQL Server 中，用户查询到的结果放在内存的一块区域中，游标机制允许用户在 SQL Server 内通过指针逐行地定位并访问这些记录，以满足用户按照需要来呈现或处理这些记录。因此，游标是一种复合的数据类型，用于指向一个查询结果集。

### 9.1.2 游标的种类

MS SQL Server 支持 3 种类型的游标：Transact_SQL 游标，API 服务器游标和客户游标。

#### 1. Transact_SQL 游标

Transact_SQL 游标是由 DECLARE CURSOR 语法定义，主要用在 Transact_SQL 脚本、存储过程和触发器中。Transact_SQL 游标主要用在服务器上，由从客户端发送给服务器的 Transact_SQL 语句或是批处理、存储过程、触发器中的 Transact_SQL 进行管理。Transact_SQL 游标不支持提取数据块或多行数据。本文重点介绍这种游标。

#### 2. API 游标

API 游标支持在 OLE DB，ODBC 以及 DB_library 中使用游标函数，主要用在服务器上。每一次客户端应用程序调用 API 游标函数，MS SQL Sever 的 OLE DB 提供者、ODBC 驱动器或 DB_library 的动态链接库（DLL）都会将这些客户请求传送给服务器以对 API 游标进行处理。

#### 3. 客户游标

客户游标主要是当在客户机上缓存结果集时才使用。在客户游标中，有一个缺省的结果集被用来在客户机上缓存整个结果集。客户游标仅支持静态游标而非动态游标。由于服务器游标并不支持所有的 Transact-SQL 语句或批处理，所以客户游标常常仅被用作服务器游标的辅助。因为在一般情况下，服务器游标能支持绝大多数的游标操作。

由于 API 游标和 Transact-SQL 游标使用在服务器端，所以被称为服务器游标，也被称为后台游标，而客户端游标被称为前台游标。

## 9.2 游标的适用场合

### 9.2.1 游标的使用方法

#### 1. 定义并打开游标

基本语法：

使用游标前需要通过 declare…cursor 语句声明游标类型变量，通过游标变量指向需要逐行遍历的查询结果集。

#### 2. 通过游标获取一行记录

定义游标后游标指针指向结果集的第一行之前，需要使用 fetch next 语句从结果集获取下一行数据。当然，在数据遍历的过程中若有需要，亦可使用 fetch prior、fetch first 或 fetch last 分别获取前一行记录、第一行记录和最后一行记录。

#### 3. 通过循环遍历游标指向的结果集

一般使用 while 循环和 fetch next 语句依次获取结果集中的每一条数据并处理，直到 @@fetch_status 状态值为 0 为止。

#### 4. 关闭并释放游标

当使用完毕后，使用 close 语句关闭游标，使用 deallocate 语句释放游标。

### 9.2.2 教学案例

【例 9.1】 通过游标依次获取学生 autoId，通过调用例 8.13 的函数 fun_getNewNoInClass() 给每个学生分配学号。

（1）参考代码：

```
--将 1358010101 班学生的学号清空
update stuInfo set stuId=null where classId='1358010101'
go
--step1：定义游标
declare cur_stuid cursor for select autoid from stuInfo where classId='1358010101'
declare @id int
--step2：打开游标
open cur_stuid
--step3：获取结果集数据
```

fetch next from cur_stuid into @id

--通过循环语句依次获取游标结果集的每一条记录

while @@fetch_status=0

begin

--step4：处理获取到的数据

    update stuInfo set stuid=dbo.fun_getNewNoInClass (classID) where autoID=@id

    fetch next from cur_stuid into @id

end

--step5：关闭游标

close cur_stuid

--step6：释放游标

deallocate cur_stuid

go

select stuIdentity，stuName，schId，examNum from stuInfo

（2）运行结果（见图 9.1）。

| | stuIdentity | stuName | schId | examNum |
|---|---|---|---|---|
| 1 | *******960829264x | 陈静 | 580101 | 20135801010101 |
| 2 | *******9009172638 | 陈小芳 | 580101 | 20135801010102 |
| 3 | *******9506242852 | 陈旭 | 580101 | 20135801010103 |
| 4 | *******9607303298 | 段朋 | 580101 | 20135801010104 |
| 5 | *******9505042867 | 段文静 | 580101 | 20135801010105 |
| 6 | *******9601252864 | 冯敏 | 580101 | 20135801010106 |
| 7 | *******9511262866 | 何春艳 | 580101 | 20135801010107 |
| 8 | *******960217276x | 何香 | 580101 | 20135801010108 |
| 9 | *******9507192869 | 李艳（小 | 580101 | 20135801010109 |
| 10 | *******9509152887 | 李园园 | 580101 | 20135801010110 |
| 11 | *******9510152868 | 廖琳玶 | | 20135801010111 |
| 12 | *******9507282856 | 刘建 | 580101 | 20135801010112 |
| 13 | *******9205092854 | 刘磊 | 580101 | 20135801010113 |
| 14 | *******9608082853 | 刘顺意 | 580101 | 20135801010114 |
| 15 | *******9609212859 | 刘涛 | 580101 | 20135801010115 |
| 16 | *******9508142898 | 刘威 | 580101 | 20135801010116 |
| 17 | *******9508173096 | 罗耀 | 580101 | 20135801010117 |
| 18 | *******960319248x | 罗倩 | 580101 | 20135801010118 |

图 9.1

### 9.2.3 案例练习

使用游标，通过 print 语句将学生表中学校代码为 580101、出生日期在 6 月 1 日的学生姓名输出，姓名之间用逗号隔开。提示：通过身份证的日期部分可以判断得出指定日期的数据。

# 本章小结

本章介绍了游标的概念以及游标的适用场合，并通过案例对游标的使用方法进行了示范。其实，在 SQL Server 中，数据的查询本来就是按记录行的存储顺序进行处理的，适用于游标的应用需求大多可以使用函数+查询的方法得以解决，比如，例 9.1 完全等价于批量更新命令：

update student set stuid=dbo.fun_getNewNoInClass (classID) where classId=' 1358010101'

只不过游标清楚地演示了改学号的操作步骤；而一条批处理更新命令同样达到了该功能，它却掩饰了逐行更新的过程，请读者自行去思考和体验。

# 习　题

## 一、单项选择题

1. 游标是一种（　　　）。

A. 数据库对象　　　　B. 表　　　　C. 存储过程　　　　D.视图

2. 通过游标取数据时，（　　　　）指令用于定位到最后一条数据。

A. Next　　　　B. Last　　　　C. Prior　　　　D. First

3. 遍历游标指向的若干条记录时，必须使用（　　　　）语句。

A. 分支　　　　B. 更新　　　　C. 删除　　　　D. 循环

## 二、程序填空题

1. 从游标获取数据使用_____命令。

2. 释放游标使用_____命令。

## 三、简答题

请简要描述游标的使用步骤。

# 上机实训

修改例 9.1，通过游标实现对学生表所有学生学号的批量生成。并思考：如果不用游标可以怎么实现？

# 第 10 章　触发器

【学习目标】

☞　了解触发器的基本概念；

☞　了解触发器的类别与工作原理；

☞　掌握触发器的使用方法。

【知识要点】

📖　触发器的定义；

📖　触发器的功能；

📖　触发器的分类；

📖　创建触发器；

📖　管理触发器。

## 10.1　触发器简介

### 10.1.1　触发器的定义

触发器（Trigger）是针对某个表或视图所编写的特殊存储过程，它不能被显式地调用，而是当该表或视图中的数据发生添加 INSERT、更新 UPDATE 或删除 DELETE 等事件时自动被执行。

### 10.1.2　触发器的功能

触发器可以用来对表实施复杂的完整性约束，保持数据的一致性。当触发器所保护的数据发生改变时，触发器会自动被激活，执行某种操作，从而保证对数据的不完整性约束或不正确的修改不会执行。

触发器可以查询其他表，同时也可以执行复杂的 T-SQL 语句。触发器执行的命令被当作一次事务处理，因此就具备了事务的所有特征。如果发现引起触发器执行的 T-SQL 语句执行失败，就会回滚该事务。

## 10.2　触发器的分类

SQL Server 包括两大类触发器：DML 触发器和 DDL 触发器。

## 10.2.1 DML 触发器

当数据库中发生数据操作语言（DML）事件时将调用 DML 触发器。DML 事件包括在指定表或视图中修改数据的 INSERT 语句、UPDATE 语句或 DELETE 语句。DML 触发器可以查询其他表，还可以包含复杂的 Transact-SQL 语句。将触发器和触发它的语句作为可在触发器内回滚的单个事务对待，如果检测到错误，则整个事务即自动回滚。

### 1. DML 触发器的常见用途

（1）DML 触发器可通过数据库中的相关表实现级联更改。不过，通过级联引用完整性约束可以更有效地进行这些更改。

（2）DML 触发器可以防止恶意或错误的 INSERT、UPDATE 以及 DELETE 操作，并强制执行比 CHECK 约束定义的限制更为复杂的其他限制。

（3）与 CHECK 约束不同，DML 触发器可以引用其他表中的列。例如，触发器可以使用另一个表中的 SELECT 比较插入或更新的数据，以及执行其他操作，如修改数据或显示用户定义错误的信息。

（4）DML 触发器可以评估数据修改前后表的状态，并根据该差异采取措施。

一个表中的多个同类 DML 触发器（INSERT、UPDATE 或 DELETE）允许采取多个不同的操作来响应同一个修改语句。

### 2. DML 触发器的类型

（1）AFTER 触发器。

在执行了 INSERT、UPDATE 或 DELETE 语句操作之后执行 AFTER 触发器。指定 AFTER 与指定 FOR 相同，它是 Microsoft SQL Server 早期版本中唯一可用的选项。AFTER 触发器只能在表上指定。

（2）INSTEAD OF 触发器。

执行 INSTEAD OF 触发器代替通常的触发动作。还可为带有一个或多个基表的视图定义 INSTEAD OF 触发器，而这些触发器能够扩展视图可支持的更新类型。

（3）CLR 触发器。

CLR 触发器可以是 AFTER 触发器或 INSTEAD OF 触发器。CLR 触发器还可以是 DDL 触发器。CLR 触发器将执行在托管代码（在.NET Framework 中创建并在 SQL Server 中上载的程序集的成员）中编写的方法，而不用执行 Transact-SQL 存储过程。

## 10.2.2 DDL 触发器

DDL 触发器将激发存储过程以响应事件。但与 DML 触发器不同的是，它们不会为响应针对表或视图的 UPDATE、INSERT 或 DELETE 语句而激发。相反，它们会为响应多种数据定义语言（DDL）语句而激发。这些语句主要是以 CREATE、ALTER 和 DROP 开头的语句。DDL 触发器可用于管理任务，例如审核和控制数据库操作。

如果要执行以下操作，请使用 DDL 触发器：

（1）要防止对数据库架构进行某些更改。

（2）希望数据库中发生某种情况以响应数据库架构中的更改。

（3）要记录数据库架构中的更改或事件。

（4）仅在运行触发 DDL 触发器的 DDL 语句后，DDL 触发器才会激发。DDL 触发器无法作为 INSTEAD OF 触发器使用。

## 10.3 触发器与约束的比较

约束和 DML 触发器各有优点。DML 触发器的主要优点在于它们可以包含使用 Transact-SQL 代码的复杂处理逻辑。因此，DML 触发器可以支持约束的所有功能；但 DML 触发器对于给定的功能并不总是最好的方法。

实体完整性总应在最低级别上通过索引进行强制，这些索引应是 PRIMARY KEY 和 UNIQUE 约束的一部分，或者是独立于约束而创建的。域完整性应通过 CHECK 约束进行强制，而引用完整性（RI）则应通过 FOREIGN KEY 约束进行强制，假设这些约束的功能满足应用程序的功能需求。

当约束支持的功能无法满足应用程序的功能要求时，在下列情况时 DML 触发器非常有用。

（1）除非 REFERENCES 子句定义了级联引用操作，否则 FOREIGN KEY 约束只能用与另一列中的值完全匹配的值来验证列值。

（2）约束只能通过标准化的系统错误消息来传递错误消息。如果应用程序需要使用自定义消息和较为复杂的错误处理，则必须使用触发器。

（3）DML 触发器可以禁止或回滚违反引用完整性的更改，从而取消所尝试的数据修改。当更改外键且新值与其主键不匹配时，这样的触发器将生效。但是，FOREIGN KEY 约束通常用于此目的。

（4）如果触发器表上存在约束，则在 INSTEAD OF 触发器执行后，但在 AFTER 触发器执行前检查这些约束。如果违反了约束，则回滚 INSTEAD OF 触发器操作，并且不执行 AFTER 触发器。

## 10.4 虚拟表

触发器语句中使用了两种特殊的表，DELETED 和 INSERTED，由 SQL Server 自动创建和管理这两张表，在触发执行时存在，在触发结束时消失。可以使用这两个临时的驻留内存的表测试某些数据修改的效果，及设置触发器操作的条件；然而，不能直接对表中的数据进行更改。

### 10.4.1 DELETED 表

DELETED 表用于存储 DELETE 和 UPDATE 语句所影响的行的副本。在执行 DELETE 或

UPDATE 语句时，行从触发器表中删除，并传输到 DELETED 表中。DELETED 表和触发器表通常没有相同的行。

## 10.4.2　INSERTED 表

INSERTED 表用于存储 INSERT 和 UPDATE 语句所影响的行的副本。在一个插入或更新事务处理中，新建行被同时添加到 INSERTED 表和触发器表中。INSERTED 表中的行是触发器表中新行的副本。

更新事务类似于在删除之后执行插入；首先旧行被复制到 DELETE 表中，然后新行被复制到触发器表和 INSERTED 表中。

# 10.5　创建 DML 触发器

## 10.5.1　知识点

DML 触发器的创建方式有两种：在 SSMS 模板中创建和使用 T-SQL 语句创建。

### 1. 语　法

```
CREATE TRIGGER trigger_name
ON { table | view }
[ WITH ENCRYPTION ]
{
{ { FOR | AFTER | INSTEAD OF } { [ INSERT ] [ , ] [ UPDATE ] }
[ WITH APPEND ]
[ NOT FOR REPLICATION ]
AS
[ { IF UPDATE ( column )
[ { AND | OR } UPDATE ( column ) ]
[ …n ]
| IF ( COLUMNS_UPDATED ( ) { bitwise_operator } updated_bitmask)
{ comparison_operator} column_bitmask [ …n]
} ]
sql_statement [ …n]
}
}
```

### 2. 参数说明

trigger_name：是触发器的名称。触发器名称必须符合标识符规则，并且在数据库中唯一，可以选择是否指定触发器所有者名称。

table | view：是在其上执行触发器的表或视图，有时称为触发器表或触发器视图。可以选择是否指定表或视图的所有者名称。

WITH ENCRYPTION：加密 syscomments 表中包含 CREATE TRIGGER 语句文本的条目。使用 WITH ENCRYPTION 可防止将触发器作为 SQL Server 复制的一部分发布。

AFTER：指定触发器只有在触发 SQL 语句中指定的所有操作都已成功执行后才激发。所有的引用级联操作和约束检查也必须成功完成后，才能执行此触发器。如果仅指定 FOR 关键字，则 AFTER 是默认设置。不能在视图上定义 AFTER 触发器。

INSTEAD OF：指定执行触发器而不是执行触发 SQL 语句，从而替代触发语句的操作。在表或视图上，每个 INSERT、UPDATE 或 DELETE 语句最多可以定义一个 INSTEAD OF 触发器。然而，可以在每个具有 INSTEAD OF 触发器的视图上定义视图。

INSTEAD OF 触发器不能在 WITH CHECK OPTION 的可更新视图上定义。如果向指定了 WITH CHECK OPTION 选项的可更新视图添加 INSTEAD OF 触发器，SQL Server 将产生一个错误。用户必须用 ALTER VIEW 删除该选项后才能定义 INSTEAD OF 触发器。

{ [DELETE] [，] [INSERT] [，] [UPDATE] }：是指定在表或视图上执行哪些数据修改语句时将激活触发器的关键字。必须至少指定一个选项。在触发器定义中允许使用以任意顺序组合的这些关键字。如果指定的选项多于一个，需用逗号分隔这些选项。对于 INSTEAD OF 触发器，不允许在具有 ON DELETE 级联操作引用关系的表上使用 DELETE 选项。同样，也不允许在具有 ON UPDATE 级联操作引用关系的表上使用 UPDATE 选项。

WITH APPEND：指定应该添加现有类型的其他触发器。只有当兼容级别是 6.5 或更低时，才需要使用该可选子句。如果兼容级别是 7.0 或更高，则不必使用 WITH APPEND 子句添加现有类型的其他触发器（这是兼容级别设置为 7.0 或更高的 CREATE TRIGGER 的默认行为）。

WITH APPEND 不能与 INSTEAD OF 触发器一起使用。如果显式声明了 AFTER 触发器，则也不能使用该子句。仅当为了向后兼容而指定了 FOR 时（但没有 INSTEAD OF 或 AFTER）时，才能使用 WITH APPEND。如果指定了 EXTERNAL NAME（即触发器为 CLR 触发器），则不能指定 WITH APPEND。

NOT FOR REPLICATION：表示当复制进程更改触发器所涉及的表时，不应执行该触发器。

AS：是触发器要执行的操作。

sql_statement：是触发器的条件和操作。触发器条件指定其他准则，以确定 DELETE、INSERT 或 UPDATE 语句是否导致执行触发器操作。

## 10.5.2　教学案例

【例 10.1】　在 SSMS 模板中创建触发器，基于表 stuInfo，执行 DELETE 操作的 AFTER 触发器。当删除学生后，给出"学生被删除！"的提示信息。

操作步骤：

（1）在"对象资源管理器"窗口中，展开"数据库"节点，再展开所选择的具体数据库节点，再展开"表"节点，右击要创建触发器的"表"，选择"新建触发器"命令，如图 10.1 所示。

**图 10.1 新建触发器**

（2）当单击"新建触发器"命令后，在右侧查询编辑器中出现创建触发器的模板，显示了 CREATE TRIGGER 语句的框架，可以修改要创建的触发器的名称，然后加入触发器所包含的语句即可，如图 10.2 所示。

```
X-20120430ZXP...SQLQuery1.sql*  摘要
-- =============================================
-- Author:      <Author,,Name>
-- Create date: <Create Date,,>
-- Description: <Description,,>
-- =============================================
CREATE TRIGGER <Schema_Name, sysname, Schema_Name>.<Trigger_Name, sysname, Trigg
   ON  <Schema_Name, sysname, Schema_Name>.<Table_Name, sysname, Table_Name>
   AFTER <Data_Modification_Statements, , INSERT,DELETE,UPDATE>
AS
BEGIN
    -- SET NOCOUNT ON added to prevent extra result sets from
    -- interfering with SELECT statements.
    SET NOCOUNT ON;

    -- Insert statements for trigger here

END
GO
```

**图 10.2 使用触发器模板创建触发器**

（3）在模板的相应位置输入以下代码：

```
CREATE TRIGGER trg_student_d
    ON stuinfo
    AFTER DELETE
AS
BEGIN
    SET NOCOUNT ON;
    print '学生被删除！';
END
```

测试 trg_student_d 触发器，使用 SQL 语句删除学生王会：

```
Delete from stuInfo where stuName = '王会'
```

执行结果如下：

学生被删除！

（所影响的行数为 1 行）

【例 10.2】 使用 SQL 语句创建 INSERT 事件的后置 AFTER 触发器：当向 schoolInfo 表插入数据后，如果 areaId 是无效（在 areaInfo 表不存在）的，则拒绝插入，提示错误信息。

参考代码：

```
create trigger SchoolInfo_After_Insert
on schoolInfo
after insert
as
begin
    if not exists (select * from areaInfo where areaId= (select areaId from inserted))
    begin
        print '后置触发器：插入数据的 areaId 是无效的，本次操作没有成功！'
        rollback
    end
    else
        print '后置触发器：插入成功！'
end
```

测试：

```
insert into schoolInfo (schId) values ('123321')—失败
select * from schoolInfo where schiD='123321'
insert into schoolInfo (schId, areaId) values ('123321', '5800')—成功
```

注意：如果再次执行该 insert，会报主键重复错误，不会报触发器提示，说明表本身的约束优先于触发器执行，而且只要约束没通过，则不再执行后续触发器。

【例 10.3】 学生表 stuInfo 的验证状态 stuState（1——未报名，2——已确认报名，3——已填报志愿），当 stuState 不为 1 时，学生记录不能删除，编写 INSTEAD OF 触发器实现。

参考代码：

Create trigger stuinfo_insteadof_delete

On stuInfo

Instead of delete

As

Begin

Declare @state char (1)

Select @state = stuState from deleted

If @state <>'1' print '该学生已确认报名或已填报志愿，不能删除！'

End

# 10.6 创建 DDL 触发器

## 10.6.1 知识点

### 1. 语法形式

CREATE TRIGGER trigger_name

ON {ALL SERVER|DATABASE}[WITH <ddl_trigger_option> [ , …n ]]

{FOR|AFTER} {event_type|event_group}[, …n ]

AS {sql_statement[；] […n]|EXTERNAL NAME <method specifier>[；]}

【例 10.4】 使用 DDL 触发器来防止数据库中的任一表被修改或删除。

CREATE TRIGGER trg_drop_alter_table

ON DATABASE

FOR DROP_TABLE，ALTER_TABLE

AS

PRINT '不能修改或删除表!'

ROLLBACK

### 2. 说 明

DDL 触发器会为响应多种数据定义语言( DDL )语句而激发。这些语句主要是以 CREATE、ALTER 和 DROP 开头的语句。DDL 触发器可用于管理任务，例如审核和控制数据库操作。

## 10.6.2 教学案例

【例 10.5】 使用 DDL 触发器来防止在数据库中创建表。

参考代码：

CREATE TRIGGER trg_drop_create_table

ON DATABASE

FOR CREATE_TABLE

AS

   PRINT '本数据库不禁止创建新表！'

   ROLLBACK


## 10.7　管理触发器

### 10.7.1　知识点

当触发器创建成功之后，可以使用 SSMS 和 T-SQL 语句修改、删除、查看触发器。

#### 1. 使用 SQL Server Management Studio 管理触发器

在 SQL Server Management Studio 中，打开"对象资源管理器"窗口，展开"数据库"节点，再展开选中的具体数据库节点，之后再点击"触发器"。通过双击"触发器"项可以查看到具体的触发器，在此处可以对触发器执行、修改、删除等操作。

#### 2. 使用 SQL 修改触发器

语法：

   ALTER TRIGGER 触发器名称

   ON (表|视图)

   [WITH ENCRYPTION ]

   {

   {( FOR | AFTER | INSTEAD OF) { [ DELETE ] [ , ] [ INSERT ] [ , ] [ UPDATE ]}

   [ NOT FOR REPLICATION]

   AS

   SQL 语句

   }

参数的意义与 CREATE TRIGGER 相同。

#### 3. 使用 SQL 删除触发器

语法：

DROP TRIGGER { trigger } [ , ...n ]

功能：删除触发器。其中 trigger 是要删除的触发器的名称，n 表示可以指定多个触发器的占位符。

#### 4. 使用 SQL 查看触发器

语法：

EXECUTE | EXEC Sp_helptrigger 'table_name' [ ,'type']

功能：查看触发器。

## 10.7.2 教学案例

【例 10.6】 使用 T-SQL 语句删除触发器 trg_student_d。

参考代码：

DROP TRIGGER trg_student_d

【例 10.7】 查看 stuInfo 表的 delete 触发器的 SQL 语句。

参考代码：

EXEC sp_helptrigger 'stuInfo'，'delete'

【例 10.8】 查看 SchoolInfo_After_Insert 触发器的内容、依赖关系。

参考代码：

EXEC sp_helptext SchoolInfo_After_Insert

EXEC sp_depends ' SchoolInfo_After_Insert '   --查看触发器的依赖关系。

# 本章小结

触发器是特殊的存储过程，它不能被显式地调用，而是当该表或视图中的数据发生 INSERT、UPDATE、DELETE 等事件时自动被执行的。是用来维护表数据完整性的重要手段。本章详细介绍了触发器的功能、定义，DML 和 DDL 两种分类，触发器的两种虚拟表 INSERTED、DELETED，以案例形式列举了使用模板及 T－SQL 语句创建、管理 DML 触发器的两种方式。要着重掌握 DML 触发器的应用场合及创建方法。

# 习　题

## 一、简　答

1. 当一个表同时具有约束和触发器时，分析它们的执行情况。

2. 什么是触发器？MS SQL Server 有哪几类触发器？

3. 触发器如果执行 rollback tran，则引起触发器触发的语句是否有效？

# 上机实训

1. 设计一个简单的 AFTER INSERT 触发器，这个触发器的作用是：在插入一条记录的时候，发出"又添加了一个学生"的友好提示。

2.设计一个简单的 AFTER INSERT 触发器，这个触发器的作用是：在修改一条记录的时候，发出"又修改了一个学生"的友好提示。

3. 在 stuScore 表上创建一个 instead of insert 触发器，实现当向表 stuScore 插入记录时检查分数的合理性（0～100），如果不合理就不进行插入操作，否则允许。

# 第11章 事　务

【学习目标】

&#9758;　理解事务的基本概念、特征，事务的执行模式；

&#9758;　理解事务的隔离级别；

&#9758;　理解锁的基本概念。

【知识要点】

&#128214;　并发；

&#128214;　事务的基本概念及原理；

&#128214;　事务的操作方法；

&#128214;　锁的概念；

&#128214;　锁的模式。

事务处理是所有大中型数据库产品的一个关键问题，各个数据库厂商都在这个方面花费了很大的精力，不同的事务处理方式会导致数据库性能和功能上的巨大差异。事务处理也是数据库管理员与数据库应用程序开发人员必须深刻理解的一个问题，对于这个问题的疏忽可能会导致应用程序逻辑错误以及效率低下。

## 11.1　事　务

### 11.1.1　知识点

#### 1. 事务的概念

事务（Transaction）是并发控制的单位，是用户定义的一个操作序列。这些操作要么都做，要么都不做，是一个不可分割的工作单元。通过事务，Microsoft SQL Server 能够将逻辑相关的一组操作绑定在一起，以便服务器保持数据的完整性。事务的一个典型例子就是银行中的减账操作，账户 A 把一定数量的款项转到账 B 上，这个操作包括两个步骤，一个是从账户 A 上把存款减去一定数量，二是在账户 B 上把存款加上相同的数量。这两个步骤显然要么都完成，要么都取消，否则银行就会受损失。显然，这个转账操作中的两个步骤就构成了一个事务。

事务通常是以 BEGIN TRANSACTION 开始，以 COMMIT 或 ROLLBACK 结束。COMMIT表示提交，即提交事务的所有操作。具体地说就是将事务中所有对数据库的更新写回到磁盘上的物理数据库中，事务正常结束。ROLLBACK 表示回滚，即在事务运行的过程中发生了某种故障，事务不能继续进行，系统将事务中对数据库的所有已完成的操作全部撤销，滚回到事务开始的状态。

### 2. 事务的特征

事务是作为单个逻辑工作单元执行的一系列操作。一个逻辑单元必须有 4 个属性，称为 ACID（原子性、一致性、隔离性和持久性）属性，符合这 4 个属性的逻辑工作单元就可以称为一个事务。

（1）原子性（Atomicity）。

一个事务要被完全的无二义性的做完或撤销。在任何操作出现错误的情况下，构成事务的所有操作的效果必须被撤销，数据应被回滚到以前的状态。事务必须是原子工作单元；对于其数据修改，要么全都执行，要么全都不执行。通常，与某个事务关联的操作具有共同的目标，并且是相互依赖的。如果系统只执行这些操作的一个子集，则可能会破坏事务的总体目标。原子性消除了系统处理操作子集的可能性。事务必须是原子工作单元；其对于数据的修改，要么全都执行，要么全都不执行。如果因为某种原因导致事务没有完全执行，则可以避免出现意外的结果。

（2）一致性（Consistency）。

数据库的一致状态是指数据库中的数据满足完整性的约束。事务在完成时，必须使所有的数据都保持一致状态。一个事务应该保护所有定义在数据上的不变的属性（例如完整性约束）。在完成了一个成功的事务时，数据应处于一致的状态。换句话说，一个事务应该把系统从一个一致状态转换到另一个一致的状态。例如，在关系数据库的情况下，一个一致的事务将保护定义在数据上的所有完整性约束。事务在完成时，必须使所有的数据都保持一致的状态。在数据库中，所有规则都必须应用于事务的修改，以保持所有数据的完整性。事务结束时，所有的内部数据结构（如 B 树索引或双向链表）都必须是正确的。某些维护一致性的责任由应用程序开发人员承担，他们必须确保应用程序已强制所有已知的完整性约束。例如，当开发用于转账的应用程序时，应避免在转账过程中任意移动小数点。

（3）隔离性（Isolation）。

在同一个环境中可能有多事务并发执行，而每个事务都应表现为独立执行。串行的执行一系列事务的效果应该同于并发的执行他们。这要求两件事：在一个事务执行过程中，数据的中间状态（可能不一致）不应该被暴露给所有的其他事务。两个并发的事务应该不能操作同一项数据。数据库管理系统通常使用锁来实现这个特征。由并发事务所做的修改必须与任何其他并发事务所做的修改隔离。事务查看数据时数据所处的状态，事务不会查看中间状态的数据，这称为可串行性。可串行性能够重新装载起始数据，并且重播一系列事务，以使数据结束时的状态与原始事务执行的状态相同。当事务可序列化时将获得最高的隔离级别。在此级别上，从一组可并行执行的事务获得的结果与通过连续运行每个事务所获得的结果相同。由于高度隔离会限制可并行执行的事务数，所以一些应用程序降低隔离级别以换取更大的吞吐量。

（4）持久性（Durability）。

持久性是指一个事务一旦提交，它对数据库中数据的改变就应该是持久的，即使数据库因故障而受到破坏，DBMS 也应该能够恢复。即对事务发出 COMMIT 命令后，即使这时发生系统故障，事务的效果也被持久化了。同样，当在事务执行过程中，系统发生故障，则事务的操作都被回滚，即数据库回到事务开始之前的状态。

对数据库中的数据修改都是在内存中完成的，这些修改的结果可能已经写到硬盘，也可能没有写到硬盘，如果在操作的过程中，发生断电或系统错误等故障，数据库可以保证未结束的事务对数据库的数据修改结果（即使已写入磁盘），在下次数据库启动后也会被全部撤销。而对于结束的事务（即使其修改的结果还未写入磁盘）在数据库下次启动后通过事务日志中的记录进行"重做"，把丢失的数据修改结果重新生成，并写入磁盘，从而保证结束事务对局修改的永久化，这样也保证了事务中的操作要么全部完成，要么全部撤销。事务的 ACID 只是一个抽象的概念，具体是由 RDBMS 来实现的。数据库管理系统用日志来保证事务的原子性、一致性和持久性。日志记录了事务对数据库所做的更新，如果某个事务在执行过程中发生了错误，就可以根据日志，撤销事务对数据库已做的更新，使数据库回退到执行事务前的初始状态。

### 3. 事务的分类

（1）显式事务。

显式事务是指在自动提交模式下以 BEGIN TRANSACTION 开始一个事务，以 COMMIT 或 ROLLBACK 结束一个事务，以 COMMIT 结束事务是把事务中的修改永久化，即使这时发生断电这样的故障。BEGIN TRANSACTION 标记一个显式本地事务起始点。BEGIN TRANSACTION 会自动将@@TRANCOUNT 加 1。

语法：

BEGIN TRAN[SACTION][transaction_name|@tran_name_variable[WITH MARK['description']]]

参数：

① transaction_name：是给事务分配名称。transaction_name 要符合标识符的命名规则，最大长度是 32 个字符。

② @tran_name_variable：用 char、varchar、nchar 或 nvarchar 数据类型声明有效事务的变量名称。

③ WITH MARK['description']：指定在日志中标记事务。Description 是描述该标记的字符串。

如果使用了 WITH MARK，则必须指定事务名。WITH MARK 允许将事务日志还原到命名标记。显式事务语句见表 11.1。

表 11.1 显式事物语句

| 功能 | 语句 |
| --- | --- |
| 开始事务 | BEGIN TRAN[SACTION] |
| 提交事务 | COMMIT TRAN[SACTION]或 COMMIE[WORK] |
| 回滚事务 | ROLLBACK TRAN[SACTION]或 ROLLBACK[WORK] |

系统默认的事务方式，是指对于用户发出的每条 SQL 语句 SQL Server 都会自动开始一个事务，并且在执行后自动进行提交操作来完成这个事务，在这种事务模式下，一个 SQL 语句就是一个事务。

（2）隐式事务。

当连接以隐性事务模式进行操作时，SQL Server 将在提交或回滚当前事务后自动启动新事物。无须描述事务的开始，只需用 COMMIT 提交或 ROLLBACK 回滚每个事务。隐性事务模式生成连续的事务链。

#### 4. 事务隔离级别

事务隔离级别的前提是一个多用户、多进程、多线程的并发关系，在这个系统中为了保证数据的一致性和完整性，引入了事务隔离级别这个概念，对一个单用户、单线程的应用来说则不存在这个问题，在 SQL Server 中提供了 4 种隔离级别。下面介绍在 SQL Server 中这 4 种隔离级别的含义及其实现方式。

（1）Read Uncommitted。

一个会话可以读取其他事务还未提交的更新结果，如果这个事务最后以回滚结束，这时的读取结果就可能是错误的，所以多数的数据库应用都不会使用这种隔离级别。

（2）Read committed。

这是 SQL Server 的缺省隔离级别，设置为这种隔离级别的事务只能读取其他事务已经提交的更新结果，否则发生等待。但是其他会话可以修改这个事务中被读取的记录，而不必等待事务结果。显然，在这种隔离级别下，一个事务中的两个相同的读取操作，其结果可能不同。

（3）Read Repeatable。

在一个事务中，如果在两次相同条件的读取操作之间没有添加记录的操作，也没有其他更新操作导致在这个查询条件下记录数增多，则两次读取结果相同。换句话说，就是在一个事务中第一次读取的记录保证不会在这个事务期间发生改变。SQL Server 是通过在整个事务期间给读取的记录加锁来实现这种隔离级别的。这样，在这个事务结束前，其他会话不能修改事务中读取的记录，而只能等待事务结束，但是 SQL Server 不会阻碍其他会话向表中添加记录，也不阻碍其他会话修改其他记录。

（4）Serializable。

在一个事务中，读取操作的结果是在这个事务开始之前，其他事务就已经提交的记录，SQL Server 通过在整个事务期间给表加锁来实现这种隔离级别。在这种隔离级别下，对这个表的所有 DML 操作都是不允许的，即要等待事务结束，这样就保证了在一个事务中的两次读取操作的结果肯定是相同的。

如果有一个冲突（例如，两个事物试图获取同一个锁），第一个事务必将会成功，然而第二个事务将被阻止，直到第一个事务释放该锁（或者是尝试获取该锁的行为超时导致操作失败）。

更多的冲突发生时，事务的执行速度将会变慢，因为他们将会花费更多的时间用于解决冲突（等待锁被释放）。

要合理使用事务的隔离级别。因为事务级别越高，数量越多、限制性更强的锁就会被运用到数据库记录或者表中。同时，更多的锁被运用到数据库和他们的覆盖面越宽，任意两个事务冲突的可能性就越大。事务隔离级别是通过数据库的锁机制来控制的，在不同的应用中需要应用不同的事务隔离级别，SQL Server 默认的事务隔离级别是 READ COMMITTED，默认的隔离级别已经可以满足大部分应用的需求。

## 11.1.2  教学案例

【例 11.1】  以事务方式向成绩表插入三条数据并提交。

参考代码：

Begin tran

    Insert into stuScores (stuIdentity, stuName, yw, sx, wy, wl, hx) values('1395729587247', '李四', 90, 79, 76, 85, 89)

    Insert into stuScores (stuIdentity, stuName, yw, sx, wy, wl, hx) values('1395729587247', '王五', 100, 99, 96, 85, 89)

    Insert into stuScores (stuIdentity, stuName, yw, sx, wy, wl, hx) values('1395729587247', '张三', 80, 89, 86, 52, 88)

commit

【例 11.2】 以事务方式行成绩表插入三条数据，如果插入的数据中有一条有误，则撤销三条数据的插入。

参考代码：

Begin tran

    Insert into stuScores (stuIdentity, schId, yw, sx, yy, wl, hx) values ('1395729587247', '580001', 90, 79, 76, 85, 89)

    If @@Error<=0 then rollback

    Insert into stuScores (stuIdentity, schId, yw, sx, yy, wl, hx) values ('1395729587247', '580001', 100, 99, 96, 85, 89)

    If @@Error<=0 then rollback

    Insert into stuScores (stuIdentity, schId, yw, sx, yy, wl, hx) values ('1395729587247', '580001', 80, 89, 86, 52, 88)

    If @@Error<=0 then rollback

commit

# 11.2 锁

## 11.2.1 并　发

在操作系统中，并发是指一个时间段中有几个程序都处于已启动运行到运行完毕之间，且这几个程序都是在同一个处理机上运行，但任一个时刻点上只有一个程序在处理机上运行。在关系数据库中，允许多个用户同时访问和更改共享数据，这种现象就是并发。

## 11.2.2 并发可能导致的问题

当多个事务并发交错地执行时，可能相互干扰，造成数据库状态的不一致。在多用户环境中，数据库必须避免因同时进行的查询和更新发生的冲突，这一点是很重要的。如果正在被处理的数据能够在该处理正在运行时，被另一用户的修改锁改变，那么该处理结果是不明确的。不加控制的并发存取会产生以下几种错误：

## 1. 丢失更新（Lost Update）

当两个或多个事务选择同一行，然后基于最初选定的值更新该行时，会发生丢失更新问题。因为每个事务都不知道其他事务的存在，最后的更新将重写由其他事务所做的更新，这将导致数据丢失。这是因为系统没有执行任何的锁操作，因此并发事务并没有被隔离开来。使用 SET TRAN ISOLATION LEVEL SERIALIZABLE 语句，把事务隔离级别调整到 SERIALIZABLE 可以解决问题。例如，两个编辑人员制作了同一文档的电子复本。若每个编辑人员独立地更改其复本，然后保存更改后的复本，这样就覆盖了原始文档。最后保存其更改复本的编辑人员覆盖了第一个编辑人员所做的更改。如果在第一个编辑人员完成之后，第二个编辑人员才能进行更改，则可以避免该问题。

## 2. 脏读（Dirty Reads）

一个事务读到另外一个事务还没提交的数据，称之为脏读。就是指当一个事务正在访问数据，并且对数据进行了修改，而这种修改还没有提交到数据库中，这时，另外一个事务也访问这个数据，然后使用了这个数据。因为这个数据是还没有提交的数据，那么另外一个事务读到的这个数据是脏数据，依据脏数据所做的操作可能是不正确的。例如，一个编辑人员正在更改电子文档。在更改过程中，另一个编辑人员复制了该文档（该复本包含到目前为止所做的全部更改），并将其分发给预期的用户。此后，第一个编辑人员认为目前所做的更改是错误的，于是删除了所有的编辑并保存了文档。分发给用户的文档包含不再存在的编辑内容，并且这些编辑内容应认为从未存在过。如果在第一个编辑人员确定最终更改前，任何人都不能读取更改的文档，则可以避免该问题。解决方法：把事务隔离级别调整到 READ COMMITTED，即使用语句 SET TRAN ISOLATION LEVEL READ COMMITTED 进行设置。

## 3. 不可重复读（No-repeatable Reads）

不可重复读是指在一个事务内，多次读同一数据。在这个事务还没有结束时，另外一个事务也访问该同一数据。那么，在第一个事务中的两次数据之间，由于第二个事务的修改，那么第一个事务两次读到的数据可能是不一样的。这样就发生了在一个事务内两次读到的数据是不一样的，因此称为是不可重复读。例如，一个编辑人员两次读取同一文档，但在两次读取之间，作者重写了该文档。当编辑人员第二次读取文档时，文档已更改。原始读取不可重复。如果只有在作者全部完成编写后编辑人员才可以读取文档，则可以避免该问题。解决方法是把事务隔离级别调整到 REPEATABLE READ。使用 SET TRAN SOLATION LEVEL REPEATABLE READ。

## 4. 幻觉读（Phantom Reads）

幻觉读是指当事务不是独立执行时发生的一种现象。例如，第一个事务对一个表中的数据进行了修改，这种修改涉及表中的全部数据行。同时，第二个事务也修改这个表中的数据，这种修改是向表中插入一行新数据。那么，以后就会发生操作第一个事务的用户发现表中还有没有修改的数据行，就好像发生了幻觉一样。例如，一个编辑人员更改作者提交的文档，但当生产部门将其更改内容合并到该文档的主副本时，发现作者已将未编辑的新材料添加到该文档中。如果在编辑人员和生产部门完成对原始文档的处理之前，任何人都不能将新材料添加到文档中，则可以避免该问题。

并发控制的主要方法是封锁，锁就是在一段时间内禁止用户做某些操作以避免产生数据不一致。

### 11.2.3　锁的概念

锁（Lock）是指将指定的数据临时锁起来供用户使用，以防止该数据被别人修改或读取。锁的一个主要作用就是进行并发性控制，并发性控制分为乐观与悲观并发性控制。并发性（Concurrency）是指允许多个事务同时进行数据处理的性质。锁影响着数据库应用的并发和性能，更好地了解 SQL Server2008 的锁的原理，有助于我们对系统排错、调优，以及开发出更好性能的应用程序。

#### 1. 乐观并发性控制（Optimistic Concurrency）

乐观控制或称为乐观锁定就是假设发生数据存取冲突的机会很小，因此在事务中并不会持续锁定数据，而只有在更改数据时才会去锁定数据并检查是否发生存取冲突。

#### 2. 悲观并发性控制（Pessimistic Concurrency）

悲观控制或称为悲观锁定，与乐观控制刚好相反，它会在事务中持续锁定要使用的数据，以确保数据可以存取。

### 11.2.4　SQL Server 2008 的锁的模式

在 SQL Server 2008 数据库中加锁时，除了对不同的资源加锁，还可以使用不同程度的加锁方式，即锁有多种模式，SQL Server 中锁模式包括以下几类。

#### 1. 共享锁

Microsoft SQL Server 中，共享锁用于所有的只读数据操作。共享锁是非独占的，允许多个并发事务读取其锁定资源。默认情况下，数据读取后，Microsoft SQL Server 立即释放共享锁。例如，查询"SELECT * FROM studInfo"时，首先锁定第一页，读取之后，释放对第一页的锁定，然后锁定第二页。这样，就允许在读操作过程中，修改未被锁定的第一页。但是，事务隔离级别连接选项设置和 SELECT 语句中的锁定位置都可以改变 Microsoft SQL Server 的这种默认设置。例如，"SELECT * FROM studInfo HOLDLOCK"就要求在整个查询过程中，保持对表的锁定，直到查询完成才释放锁定。

#### 2. 修改锁

修改锁在修改操作的初始化阶段用来锁定可能要被修改的资源，这样可以避免使用共享锁造成的死锁现象。因为使用共享锁时，修改数据的操作分为两步，首先获得一个共享锁，读取数据，然后将共享锁升级为独占锁，然后再执行修改操作。这样如果同时有两个或多个事务对一个事务申请了共享锁，在修改数据的时候，这些事务都要将共享锁升级为独占锁。这时，这些事务都不会释放共享锁而是一直等待对方释放，这样就造成了死锁。如果一个数据在修改前直接申请修改锁，在数据修改的时候再升级为独占锁，就可以避免死锁。修改锁与共享锁是兼容的，也就是说一个资源用共享锁锁定后，允许再用修改锁锁定。

### 3. 独占锁

独占锁是为修改数据而保留的。它所锁定的资源，其他事务不能读取也不能修改。独占锁不能和其他锁兼容。

### 4. 结构锁

结构锁是指执行表的数据定义语言（DDL）操作（例如添加列或除去表）时使用架构修改（Sch-M）锁。当编译查询时，使用架构稳定性（Sch-S）锁。架构稳定性锁不阻塞任何事务锁，包括排它锁。因此在编译时，其他事务（包括在表上有排它锁的事务）都能继续运行，但不能在表上执行 DDL 操作。

### 5. 意向锁

意向锁说明 Microsoft SQL Server 有在资源的低层获得共享锁或独占锁的意向。例如，表级的共享意向锁说明事物意图将独占锁释放到表中的页或者行。意向锁又可以分为共享意向锁、独占意向锁和共享式独占意向锁。共享意向锁说明事务意图在共享意向锁所锁定的低层资源上放置共享锁来读取数据。独占意向锁说明事务意图在共享意向锁所锁定的低层资源上放置独占锁来修改数据。共享式独占锁说明事务允许其他事务使用共享锁来读取顶层资源，并意图在该资源低层上放置独占锁。

### 6. 批量修改锁

批量复制数据时使用批量修改锁。可以通过表的 TabLock 提示或者使用系统存储过程 sp_tableoption 的 "table lock on bulk load" 选项设定批量修改锁。

独占式锁（Exclusive Lock）：Exclusive 锁可禁止其他事务对数据作存取或锁定操作。

共享式锁（Shared Lock）：Shared 锁可将数据设成只读，并禁止其他事务对该数据作 Exclusive 锁定，但却允许其他事务对数据再作 Shared 锁定。

更改式锁（UPDATE Lock）：UPDATE 锁可以和 Shared 锁共存，但禁止其他的 UPDATE 锁或 Exclusive 锁。

# 本章小结

本章主要介绍了事务的基本概念、特征、事务的执行模式、事务的隔离级别等内容；介绍了锁的基本概念、锁机制和锁模式。通过学习，使读者掌握事务和锁的基本概念及原理。

# 习　题

**一、填空题**

1. 数据库中，每个事务都感觉不到系统中其他事务在并发执行，这一特性称为事务的_____。

2. 在数据库管理系统中，为了保证事务的正确执行，维护数据库的完整性，要求数据库系统维护以下事务特性：_____、一致性、隔离型和持久性。

3. 在数据库并发控制中，两个或更多的事务同时处于相互等待的状态，称为_____。

**二、简答题**

1. 事务的持久性是指什么？

2. 事务的持久性是由数据库管理系统中哪个部件负责？

3. 什么叫锁？有何意义？

# 上机实训

分别以两个登陆账户（假设为 user1、user2）在 SQL Server 查询工具中连接到本机 SQL Server 数据库服务器。按以下步骤执行命令，观察运行结果。

Step1：user1 执行以下代码：

    Begin tran

    Select * from stuInfo

Setp2：user2 执行以下代码：

    Select * from stuInfo

Step3：user1 执行以下代码：

    Rollback

Step4：user2 再执行 Step2 中的代码。

分析：以上执行过程中有什么问题出现？为什么会出现这种问题？

# 第 12 章　安全性管理

【学习目标】

☞　了解 SQL Server 2008 的安全机制；

☞　掌握 SQL Server 2008 的登录机制；

☞　掌握使用数据库用户；

☞　了解固定服务器数据库角色及其应用；

☞　掌握创建自定义数据库角色；

☞　掌握权限分配。

【知识要点】

📖　理解数据库安全性问题和安全性机制之间的关系；

📖　管理和维护登录名；

📖　管理和维护数据库用户；

📖　权限类型和权限管理。

## 12.1　安全性的概念

安全性是数据库管理系统的重要特征。能否提供全面、完整、有效、灵活的安全机制，往往是衡量一个分布式数据库管理系统是否成熟的重要标志，也是用户选择合适的数据库产品的一个重要判断指标。

下面结合 Microsoft SQL Server 2008 系统的安全特征，分析安全性问题和安全性机制之间的关系。

第一个安全性问题：当用户登录数据库系统时，如何确保只有合法的用户才能登录到系统中？这是一个最基本的安全性问题，也是数据库管理系统提供的基本功能。在 Microsoft SQL Server 2008 系统中，通过身份验证模式和主体解决这个问题。

身份验证模式是 Microsoft SQL Server 2008 系统验证客户端和服务器之间连接的方式。Microsoft SQL Server 2008 系统提供了两种身份验证模式：Windows 身份验证模式和混合模式。在 Windows 身份验证模式中，用户通过 Microsoft Windows 用户账户连接时，SQL Server 使用 Windows 操作系统中的信息验证账户名和密码。Windows 身份验证模式使用 Kerberos 安全协议，通过强密码的复杂性验证提供密码策略强制、账户锁定支持、支持密码过期等。在混合模式中，当客户端连接到服务器时，既可能采取 Windows 身份验证，也可能采取 SQL Server 身份验证。当设置为混合模式时，允许用户使用 Windows 身份验证 SQL Server 身份验证进行连接。

　　第二个安全性问题：当用户登录到系统中，他可以执行哪些操作、使用哪些对象和资源？这也是一个基本的安全问题，在 Microsoft SQL Server 2008 系统中，通过安全对象和权限设置来解决这个问题。主体和安全对象的结构如图 12.1 所示。

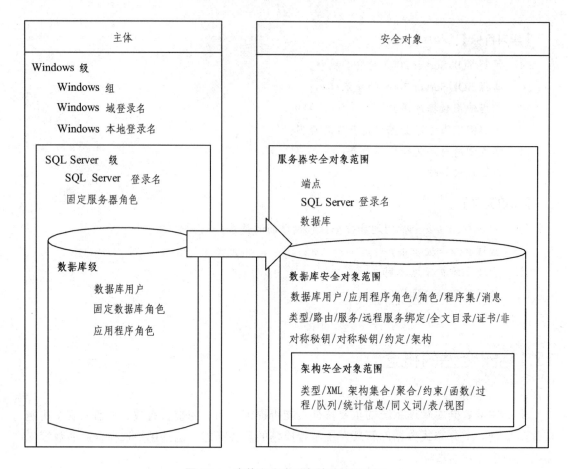

图 12.1　主体和安全对象的结构示意图

　　第三个安全性问题：数据库中的对象由谁所有？如果是由用户所有，那么当用户被删除时，其所拥有的对象怎么办，在 Microsoft SQL Server 2008 系统中，这个问题是通过用户和架构分离来解决的。数据库对象架构和用户之间的关系，如图 12.2 所示。

## 12.2　管理和维护登录名

### 12.2.1　知识点

#### 1. 建立 Windows 验证模式的登录名

管理登录名包括创建登录名、设置密码策略、查看登录名信息及修改和删除登录名等。

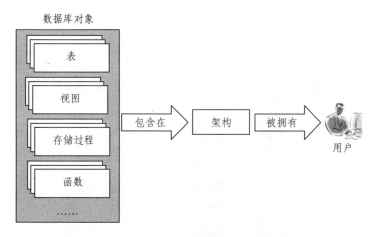

**图 12.2　数据库对象、架构和用户之间的关系示意图**

注意，sa 是一个默认的 SQL Server 登录名，拥有操作 SQL Server 系统的所有权限。该登录名不能被删除。当采用混合模式安装 Microsoft SQL Server 系统之后，应该为 sa 指定一个密码。

第 1 步：创建 Windows 的用户。

以管理员身份登录到 Windows XP，选择"开始"，打开控制面板中的"性能和维护"，选择其中的"管理工具"，双击"计算机管理"，进入"计算机管理"窗口。

在该窗口中选择"本地用户和组"中的"用户"图标，右击，在弹出的快捷菜单中选择"新用户"菜单项，打开"新用户"窗口，如图 12.3 所示。在该窗口中输入用户名、密码，单击"创建"按钮，然后单击"关闭"按钮，完成新用户的创建。

**图 12.3　创建 Windows 的用户**

第 2 步：将 Windows 账户加入到 SQL Server 中。

以管理员身份登录到 SQL Server Management Studio，在对象资源管理器中，找到并选择如图 12.4 所示的"登录名"项。点击鼠标右键，在弹出的快捷菜单中选择"新建登录名"，打开"登录名-新建"窗口。

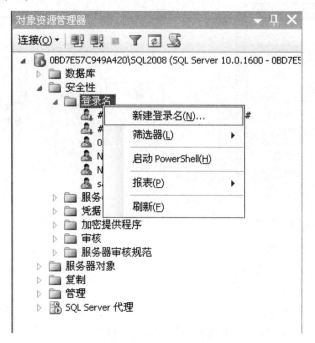

图 12.4　新建登录名

　　如图 12.5 所示，可以通过单击"常规"选项卡的"搜索"按钮，在"选择用户或组"对话框中选择相应的用户名或用户组并添加到 SQL Server 2008 登录用户列表中。例如，本例的用户名为 0BD7E57C949A420\liu（0BD7E57C949A420 为本地计算机名）。

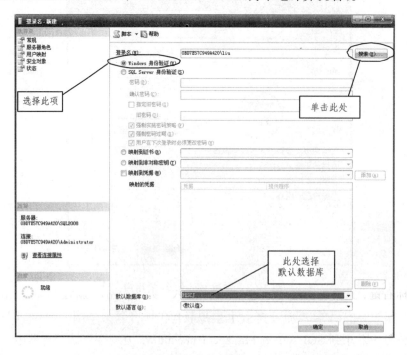

图 12.5　"登录名-新建"界面

## 2. 建立 SQL Server 验证模式的登录名

第 1 步：以系统管理员身份登录 SQL Server Management Studio，在对象资源管理器中选择要登录的 SQL Server 服务器图标，点击鼠标右键，在弹出的快捷菜单中选择"属性"菜单项，打开"服务器属性"窗口。

第 2 步：在打开的"服务器属性"窗口中选择"安全性"选项卡。选择服务器身份验证为"SQL Server 和 Windows 身份验证模式"，单击"确定"按钮，保存新的配置，重启 SQL Server 服务即可。

创建 SQL Server 验证模式的登录名也在图 12.5 所示的界面中进行，输入一个自己定义的登录名，例如"david"，选中"SQL Server 身份验证"选项，输入密码，并将"强制密码过期"复选框中的钩去掉，设置完单击"确定"按钮即可。

为了测试创建的登录名能否连接 SQL Server，可以使用新建的登录名 david 来进行测试，具体步骤如下：

在对象资源管理器窗口中单击"连接"，在下拉框中选择"数据库引擎"，弹出"连接到服务器"对话框。在该对话框中，"身份验证"选择"SQL Server 身份验证"，"登录名"填写 david，输入密码，单击"连接"按钮，就能连接 SQL Server 了。登录后的"对象资源管理器"界面如图 12.6 所示。

图 12.6 使用 SQL Server 验证方式登录

## 3. 管理数据库用户

使用 SSMS 创建数据库用户账户的步骤如下：

以系统管理员身份连接 SQL Server，展开"数据库→（任意数据库）→安全性"，选择"用户"，点击鼠标右键，选择"新建用户"菜单项，进入"数据库用户-新建"窗口。在"用户名"框中填写一个数据库用户名，"登录名"框中填写一个能够登录 SQL Server 的登录名，如"david"。注意，一个登录名在本数据库中只能创建一个数据库用户。选择默认架构为 dbo，如图 12.7 所示，单击"确定"按钮完成创建。

**图 12.7　新建数据库用户账户**

在 SQL Server 2008 中，创建登录名可以使用 CREATE LOGIN 命令，其语法格式为：

CREATE LOGIN login_name

{　　　WITH PASSWORD = 'password' [ HASHED ] [ MUST_CHANGE ]

[ ，　<option_list> [ , ... ] ]/*WITH 子句用于创建 SQL Server 登录名*/

| FROM　　　　　　　　　　　　/*FROM 子句用于创建其他登录名*/

　{

　　WINDOWS [ WITH <windows_options> [ , ... ] ]

　　　| CERTIFICATE certname

　　　| ASYMMETRIC KEY asym_key_name

　}

　}

其中：

PASSWORD：用于指定正在创建的登录名的密码，password 为密码字符串。

HASHED：指定在 PASSWORD 参数后输入的密码已经过哈希运算，如果未选择此选项，则在将作为密码输入的字符串存储到数据库之前，对其进行哈希运算。如果指定 MUST_CHANGE 选项，则 SQL Server 会在首次使用新登录名时提示用户输入新密码。

<option_list>：用于指定在创建 SQL Server 登录名时的一些选项，选项如下。

SID：指定新 SQL Server 登录名的全局唯一标识符，如果未选择此选项，则自动指派。

DEFAULT_DATABASE：指定默认数据库，如果未指定此选项，则默认数据库将设置为master。

DEFAULT_LANGUAGE：指定默认语言，如果未指定此选项，则默认语言将设置为服务器的当前默认语言。

CHECK_EXPIRATION：指定是否对此登录名强制实施密码过期策略，默认值为 OFF。

CHECK_POLICY：指定应对此登录名强制实施运行 SQL Server 的计算机的 Windows 密码策略，默认值为 ON。

创建数据库用户使用 CREATE USER 命令，其语法格式为：

```
CREATE USER user_name
[{ FOR | FROM }
    {
        LOGIN login_name
      | CERTIFICATE cert_name
      | ASYMMETRIC KEY asym_key_name
    }
    | WITHOUT LOGIN
]
    [ WITH DEFAULT_SCHEMA = schema_name ]
```

## 12.2.2  教学案例

【例 12.1】  使用命令方式创建 Windows 登录名 DXN（假设 Windows 用户 DXN 已经创建，本地计算机名为 JKX01），默认数据库设为 PXSCJ。

```
USE master
GO
CREATE LOGIN [JKX01\DXN]
FROM WINDOWS
WITH DEFAULT_DATABASE= PXSCJ
```

【例 12.2】  创建 SQL Server 登录名 sql_tao，密码为 123456，默认数据库设为 PXSCJ。

```
CREATE LOGIN sql_tao
WITH PASSWORD='123456',
DEFAULT_DATABASE=PXSCJ
```

【例 12.3】  使用 SQL Server 登录名 sql_DXN（假设已经创建）在 PXSCJ 数据库中创建数据库用户 dxn，默认架构名使用 dbo。

```
USE PXSCJ
GO
CREATE USER tao
FOR LOGIN sql_tao
WITH DEFAULT_SCHEMA=dbo
```

## 12.3 角色管理

### 12.3.1 固定服务器角色

服务器角色独立于各个数据库。如果我们在 SQL Server 中创建一个登录账号后，要赋予该登录者具有管理服务器的权限，此时可设置该登录账号为服务器角色的成员。SQL Server 提供了以下固定服务器角色：

（1）sysadmin：系统管理员，角色成员可对 SQL Server 服务器进行所有的管理工作，为最高管理角色。这个角色一般适合于数据库管理员（DBA）。

（2）securityadmin：安全管理员，角色成员可以管理登录名及其属性。可以授予、拒绝、撤销服务器级和数据库级的权限。另外还可以重置 SQL Server 登录名的密码。

（3）serveradmin：服务器管理员，角色成员具有对服务器进行设置及关闭服务器的权限。

（4）setupadmin：设置管理员，角色成员可以添加和删除链接服务器，并执行某些系统存储过程。

（5）processadmin：进程管理员，角色成员可以终止 SQL Server 实例中运行的进程。

（6）diskadmin：用于管理磁盘文件。

（7）dbcreator：数据库创建者，角色成员可以创建、更改、删除或还原任何数据库。

（8）bulkadmin：可执行 BULK INSERT 语句，但是这些成员对要插入数据的表必须有 INSERT 权限。BULK INSERT 语句的功能是以用户指定的格式复制一个数据文件至数据库表或视图。

（9）public：其角色成员可以查看任何数据库。

SQL Server 服务器角色设置窗口如图 12.8 所示。

图 12.8　SQL Server 服务器角色设置窗口

## 12.3.2　用户自定义数据库角色

在 SQL Server 2008 中创建应用程序角色并测试的具体步骤如下。

第 1 步：以系统管理员身份连接 SQL Server，在"对象资源管理器"窗口中展开"数据库→PXSCJ→安全性→角色"，右击"应用程序角色"，选择"新建应用程序角色"。

第 2 步：在"应用程序角色-新建"窗口中输入应用程序角色名称 addrole，默认架构 dbo，设置密码为 123456，如图 12.9 所示。

图 12.9　新建应用程序角色

在"安全对象"选项卡页面中，可以单击"搜索"按钮，添加"特定对象"，选择对象为表 XSB，如图 12.10 所示。

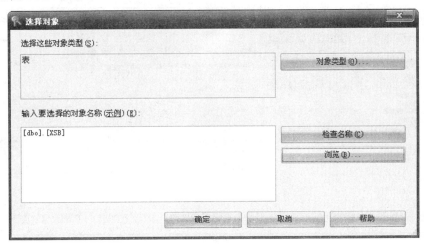

图 12.10　选择对象表

单击"确定"按钮，回到"安全对象"选项卡中，授予表 XSB 的"选择"权限（见图 12.11），完成后单击"确认"按钮。

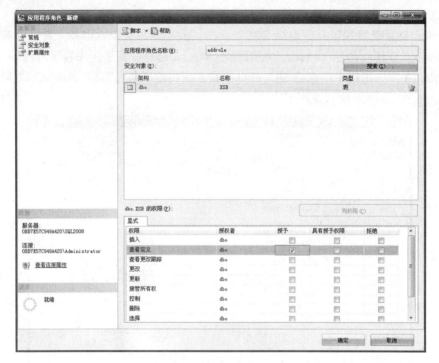

图 12.11　授予应用程序角色表上查看权限

第 3 步：新建 SQL Server 登录名 jack，并新建 PXSCJ 数据库的数据库用户 jack（将其添加为 db_denydatareader 数据库角色的成员），使用"jack"登录名连接 SQL Server。如图 12.12 所示，在查询窗口中输入如下语句：

USE PXSCJ

GO

SELECT * FROM XSB

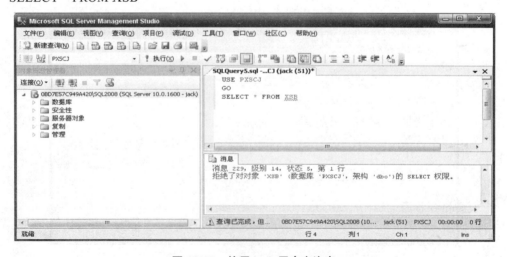

图 12.12　使用 jack 用户查询表

第 4 步：使用系统存储过程 sp_setapprole 激活应用程序角色，语句如下：

EXEC sp_setapprole 'addrole'，'123456'

第 5 步：在当前查询窗口中重新输入第 3 步中的查询语句，执行结果如图 12.13 所示。

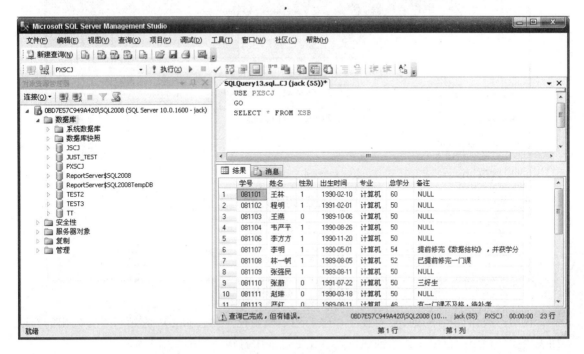

图 12.13　查询成功

# 12.4　权限管理

## 12.4.1　知识点

权限是执行操作、访问数据的通行证。只有拥有了针对某种安全对象的指定权限，才能对该对象执行相应的操作。

在 Microsoft SQL Server 2008 系统中，不同的对象有不同的权限。为了更好地理解权限管理的内容，下面从权限的类型、常用对象的权限、隐含的权限、授予权限、收回权限、否认权限等几个方面介绍。

在 Microsoft SQL Server 2008 系统中，不同的分类方式可以把权限分成不同的类型。如果依据权限是否预先定义，可以把权限分为预先定义的权限和预先未定义的权限。预先定义的权限是指那些系统安装之后，不必通过授予权限即拥有的权限。预先未定义的权限是指那些需要经过授权或继承才能得到的权限。

在"SQL Server Management Studio"窗口上单击"新建查询"按钮旁边的数据库引擎查询按钮，在弹出的连接窗口中以 li 用户的登录名登录，如图 12.14 所示。单击"连接"按钮连接到 SQL Server 服务器，出现"查询分析器"窗口。

图 12.14　以 li 用户身份登录

　　在用户或角色栏中选择需要授予权限的用户或角色（如 wang），在窗口下方列出的权限列表中找到相应的权限（如"创建表"），在复选框中打钩，如图 12.15 所示。

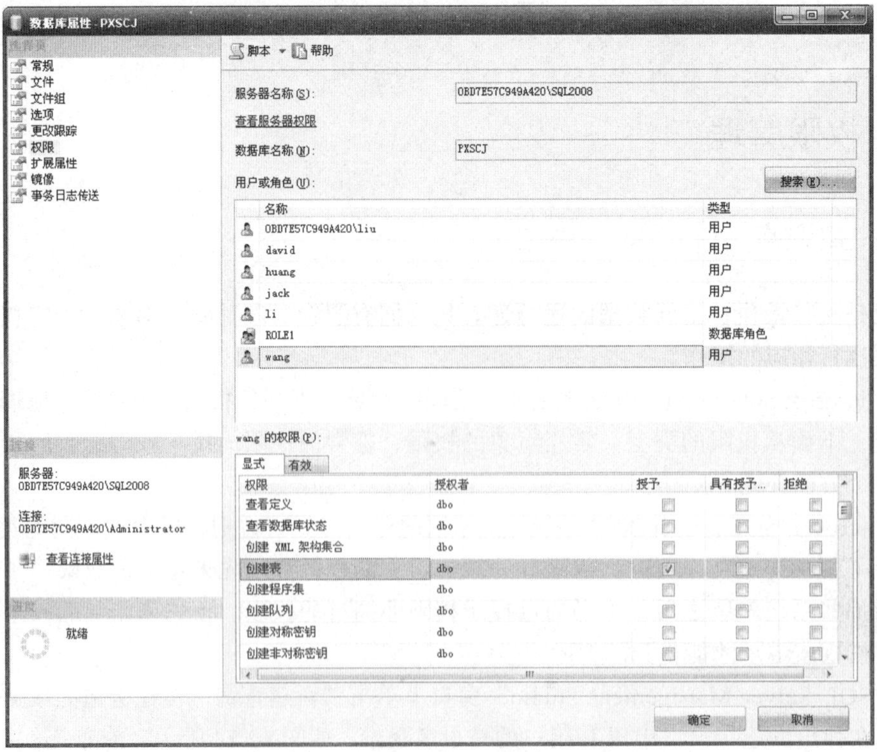

图 12.15　授予用户数据库上的权限

使用 DENY 命令可以拒绝给当前数据库内的用户授予权限，并防止数据库用户通过其组或角色成员资格继承权限。

语法格式为：

DENY { ALL [ PRIVILEGES ] }

       | permission [ ( column [ , ...n ] ) ] [ , ...n ]

       [ ON securable ] TO principal [ , ...n ]

       [ CASCADE] [ AS principal ]

### 12.4.2  教学案例

【例 12.4 】  拒绝用户 li、huang、[0BD7E57C949A420\liu]对表 XSB 的一些权限，这样，这些用户就没有对 XSB 表的操作权限了。

USE PXSCJ

GO

DENY SELECT， INSERT， UPDATE， DELETE

    ON XSB TO li， huang， [0BD7E57C949A420\liu]

GO

【例 12.5 】  对所有 ROLE2 角色成员拒绝 CREATE TABLE 权限。

DENY CREATE TABLE

    TO ROLE2

GO

# 本章小结

本章首先分析了安全性问题和安全性机制间的关系。然后，详细研究了登录名管理的内容。接下来，讨论了服务器角色的作用和类型，介绍了用户和架构管理的内容。用户是数据库级的安全对象，用户和架构分析是 Microsoft SQL Server 2008 系统的一个很大的特色。数据库角色和应用程序角色也是本章的重要内容。之后，对权限管理进行了全面分析。最后，介绍如何使用图形工具执行各种操作。

# 习　题

1. 数据库管理系统中常见的安全性问题有哪些？如何解决这些安全性问题？

2. 什么是安全主体和安全对象？

3. 登录名的作用和类型是什么？

4. 服务器角色的作用和类型是什么？

5. 应用程序角色的特点是什么？如何使用应用程序角色？

# 第 13 章　数据库日常管理与维护

## 【学习目标】

☞ 理解数据库的备份策略；

☞ 掌握如何创建备份；

☞ 理解数据库的还原策略；

☞ 掌握还原数据库的方法；

☞ 掌握分离和附加数据库；

☞ Excel 格式的数据导入；

☞ Excel 格式的数据导出。

## 【知识要点】

📖 备份与还原概述；

📖 数据库的恢复模式；

📖 备份与还原操作；

📖 备份方法与备份策略；

📖 分离和附加数据库；

📖 Excel 格式的数据导入；

📖 Excel 格式的数据导出。

## 13.1　备份概述

### 13.1.1　知识点

#### 1. 备份和恢复需求分析

备份就是制作数据库结构和数据的拷贝，以便在数据库遭到破坏时能够修复数据库。数据库的破坏是难以预测的，因此必须采取能够还原数据库的措施。一般地，造成数据丢失的常见原因包括以下 6 种：

（1）计算机硬件故障。由于使用不当或产品质量等原因，计算机硬件可能会出现故障，不能使用。如硬盘损坏会使得存储于其上的数据丢失。

（2）软件故障。由于软件设计上的失误或用户使用的不当，软件系统可能会误操作数据引起数据破坏。

（3）病毒。破坏性病毒会破坏系统软件、硬件和数据。

（4）误操作。如用户误用了诸如 DELETE、UPDATE 等命令而引起数据丢失或被破坏。

（5）自然灾害。如火灾、洪水或地震等，它们会造成极大的破坏，会毁坏计算机系统及其数据。

（6）盗窃。一些重要数据可能会遭窃。数据库中数据的重要程度决定了数据恢复的必要性与重要性，也就决定了数据是否需要备份及如何备份。数据库需备份的内容可分为数据文件（又分为主要数据文件和次要数据文件）、日志文件两部分。

SQL Server 2008 中有以下 4 种备份方法：

（1）完全数据库备份。这种方法按常规定期备份整个数据库，包括事务日志。当系统出现故障时，可以恢复到最近一次数据库备份时的状态，但自该备份后所提交的事务都将丢失。

完全数据库备份的主要优点是简单，备份是单一操作，可按一定的时间间隔预先设定，恢复时只需一个步骤就可以完成。

（2）数据库和事务日志备份。这种方法不需很频繁地定期进行数据库备份，而是在两次完全数据库备份期间，进行事务日志备份，所备份的事务日志记录了两次数据库备份之间所有的数据库活动记录。当系统出现故障后，能够恢复所有备份的事务，而只丢失未提交或提交但未执行完的事务。

执行恢复时，需要两步：首先恢复最近的完全数据库备份，然后恢复在该完全数据库备份以后的所有事务日志备份。

（3）差异备份。差异备份只备份自上次数据库备份后发生更改的部分数据库，它用来扩充完全数据库备份或数据库和事务日志备份方法。对于一个经常修改的数据库，采用差异备份策略可以减少备份和恢复时间。差异备份比全量备份工作量小而且备份速度快，对正在运行的系统影响也较小，因此可以更经常地备份。经常备份将减少丢失数据的危险。

使用差异备份方法，执行恢复时，若是数据库备份，则用最近的完全数据库备份和最近的差异数据库备份来恢复数据库；若是差异数据库和事务日志备份，则需用最近的完全数据库备份和最近的差异备份后的事务日志备份来恢复数据库。

（4）数据库文件或文件组备份。这种方法只备份特定的数据库文件或文件组，同时还要定期备份事务日志，这样在恢复时可以只还原已损坏的文件，而不用还原数据库的其余部分，从而加快了恢复速度。

如图 13.1 所示为设置数据库的恢复模式的界面。

### 2. 备份操作与备份命令

备份需要使用备份设备。若使用磁盘设备备份，那么备份设备就是磁盘文件；若使用磁带设备备份，那么备份设备就是一个或多个磁带。

创建备份设备有两种方法：使用图形向导方式或使用系统存储过程 sp_addumpdevice，如图 13.2 所示。

使用系统存储过程创建命名备份设备。执行系统存储过程 sp_addumpdevice 可以在磁盘或磁带上创建命名备份设备，也可以将数据定向到命名管道。

创建命名备份设备时，要注意以下几点：

（1)SQL Server 2008 在系统数据库 master 的系统表 sysdevice 中创建该命名备份设备的物理名和逻辑名。

（2）必须指定该命名备份设备的物理名和逻辑名，在网络磁盘上创建命名备份设备时要说明网络磁盘文件路径名。

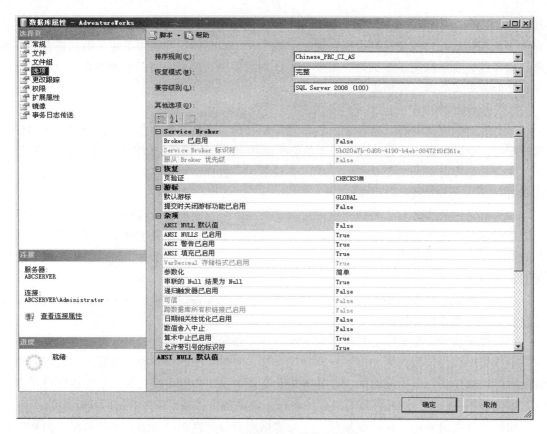

图 13.1　设置数据库的恢复模式

图 13.2　创建备份设备

语法格式为：

sp_addumpdevice [ @devtype = ] 'device_type',

　　[ @logicalname = ] 'logical_name',

　　[ @physicalname = ] 'physical_name'

SQL Server 可以同时向多个备份设备写入数据，即进行并行的备份。并行备份将需备份的数据分别备份在多个设备上，这多个备份设备构成了备份集。图 13.3 所示即为在多个备份设备上进行备份以及由备份的各组成部分形成备份集。

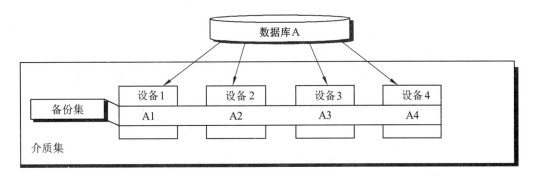

图 13.3　使用多个备份设备及备份集

## 13.1.2　教学案例

【例 13.1】　使用逻辑名 test1 在 E 盘中创建一个命名的备份设备，并将数据库 PXSCJ 完全备份到该设备。

（1）参考代码：

```
USE master    GO
EXEC sp_addumpdevice 'disk' , 'test1', 'E：\data\test1.bak'
BACKUP DATABASE PXSCJ TO test1
```

（2）运行结果（见图 13.4）。

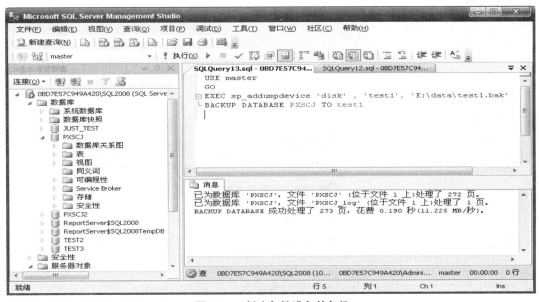

图 13.4　创建备份设备并备份

【例 13.2】　将数据库 PXSCJ 备份到多个备份设备。

参考代码：

USE master

GO

EXEC sp_addumpdevice 'disk', 'test2', 'E：\data\test2.bak'

EXEC sp_addumpdevice 'disk', 'test3', 'E：\data\test3.bak'

BACKUP DATABASE PXSCJ TO test2， test3 WITH NAME = 'pxscjbk'

【例 13.3】 创建一个命名的备份设备 PXSCJLOGBK，并备份 PXSCJ 数据库的事务日志。

（1）参考代码：

USE master

GO

EXEC sp_addumpdevice 'disk' , 'PXSCJLOGBK' , 'E：\data\testlog.bak'

BACKUP LOG PXSCJ TO PXSCJLOGBK

（2）运行结果（见图 13.5）。

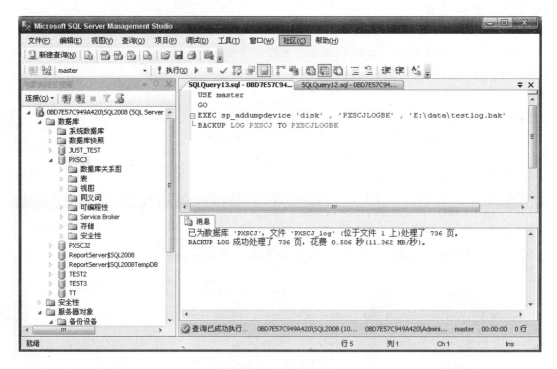

图 13.5 事务日志备份

【例 13.4】 使用图形向导方式备份数据库。

以备份 PXSCJ 数据库为例，在备份之前先在 E 盘根目录下创建一个备份设备，名称为
PXSCJBK，备份设备的文件名为 pxscjbk.bak。

在 SQL Server Management Studio 中进行备份的步骤如下：

第 1 步：启动 SQL Server Management Studio，在"对象资源管理器"中选择"管理"，点
击鼠标右键，如图 13.6 所示，在弹出的快捷菜单上选择"备份"菜单项。

**图 13.6　选择备份功能**

第 2 步：在打开的"备份数据库"窗口（见图 13.7）中选择要备份的数据库名，如 PXSCJ；在"备份类型"栏选择备份的类型，有 3 种类型：完整、差异、事务日志，这里选择完整备份。

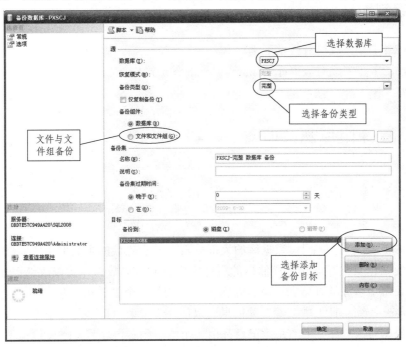

**图 13.7　"备份数据库"对话框**

第 3 步：选择了数据库之后，窗口最下方的目标栏中会列出与 PXSCJ 数据库相关的备份设备。可以单击"添加"按钮，在"选择备份目标"对话框中选择另外的备份目标（即命名的备份介质的名称或临时备份介质的位置），有两个选项："文件名"和"备份设备"。选择"备份设备"选项，在下拉框中选择需要将数据库备份到的目标备份设备，如 mybackupfile，如图 13.8 所示，单击"确定"按钮。当然，也可以选择"文件名"选项，然后选择备份设备的物理文件来进行备份。

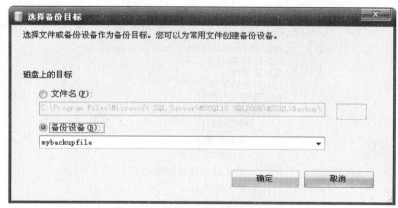

**图 13.8 "选择备份目标"对话框**

第 4 步：在"备份数据库"窗口中，将不需要的备份目标选择后单击"删除"按钮删除，最后备份目标选择为"mybackupfile"，单击"确定"按钮，执行备份操作。备份操作完成后，将出现提示对话框，单击"确定"按钮，完成所有步骤。

### 13.1.3 案例练习

【练习 13.1】 完成所有教学案例。

【练习 13.2】 完成对数据库 examregister 的备份操作。

## 13.2 恢复操作与恢复命令

### 13.2.1 知识点

#### 1. 检查点

在 SQL Server 运行过程中，数据库的大部分页存储于磁盘的主数据文件和辅数据文件中，而正在使用的数据页则存储在主存储器的缓冲区中，所有对数据库的修改都记录在事务日志中。日志记录每个事务的开始和结束，并将每个修改与一个事务相关联。

SQL Server 系统在日志中存储有关信息，以便在需要时可以恢复（前滚）或撤销（回滚）构成事务的数据修改。日志中的每条记录都由一个唯一的日志序号（LSN）标识，事务的所有日志记录都链接在一起。

SQL Server 系统对修改过的数据缓冲区的内容并不是立即写回磁盘，而是控制写入磁盘的时间，它将在缓冲区内修改过的数据页存入高速缓存一段时间后再写入磁盘，从而实现优化磁盘写入。将包含被修改过但尚未写入磁盘的数据的缓冲区页称为脏页，将脏缓冲区页写入磁盘称为刷新页。对被修改过的数据页进行高速缓存时，要确保在将相应的内存日志映像写入日志文件之前没有刷新任何数据修改，否则将不能在需要时进行回滚。

为了保证能恢复所有对数据页的修改，SQL Server 采用预写日志的方法，即将所有内存日志映像都在相应的数据修改前写入磁盘。只要所有日志记录都已刷新到磁盘，则即使在被修改的数据页未被刷新到磁盘的情况下，系统也能够恢复。这时系统恢复可以只使用日志记录，进行事务前滚或回滚，执行对数据页的修改。

SQL Server 系统定期将所有脏日志和数据页刷新到磁盘，这就称为检查点。检查点从当前数据库的高速缓冲存储器中刷新脏数据和日志页，以尽量减少在恢复时必须前滚的修改量。

SQL Server 恢复机制能够通过检查点在检查事务日志时，保证数据库的一致性，在对事务日志进行检查时，系统将从最后一个检查点开始检查事务日志，以发现数据库中所有数据的改变。若发现有尚未写入数据库的事务，则将它们对数据库的改变写入数据库。

（1）进行安全检查。安全检查是系统的内部机制，是数据库恢复时的必要操作，它可以防止由于偶然的误操作而使用了不完整的信息或其他数据库备份来覆盖现有的数据库。

当出现以下 3 种情况时，系统将不能恢复数据库：

① 使用与被恢复的数据库名称不同的数据库名去恢复数据库；

② 服务器上的数据库文件组与备份的数据库文件组不同；

③ 需恢复的数据库名或文件名与备份的数据库名或文件名不同。

例如，当试图将 northwind 数据库恢复到名为 accounting 的数据库中，而 accounting 数据库已经存在时，那么 SQL Server 将拒绝此恢复过程。

（2）重建数据库。当从完全数据库备份中恢复数据库时，SQL Server 将重建数据库文件，并把所重建的数据库文件置于备份数据库时这些文件所在的位置，所有的数据库对象都将自动重建，用户无须重建数据库的结构。

在 SQL Server 中，恢复数据库的语句是 RESTORE。

## 2. 恢复数据库

（1）使用图形界面方式查看所有备份介质的属性。

启动 SQL Server Management Studio，在"对象资源管理器"中展开"服务器对象"，在其中的"备份设备"里面选择欲查看的备份介质，点击鼠标右键，如图 13.9 所示，在弹出的快捷菜单中选择"属性"菜单项。

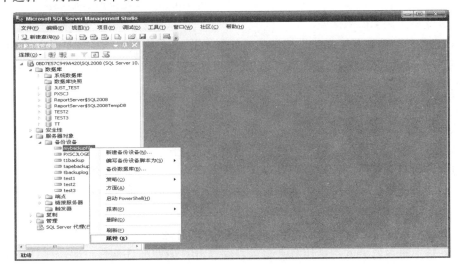

**图 13.9　查看备份介质的属性**

在打开的"备份设备"窗口中单击"媒体内容"选项卡，如图 13.10 所示，将显示所选备份介质的有关信息，例如，备份介质所在的服务器名、备份数据库名、备份类型、备份日期、到期日及大小等信息。

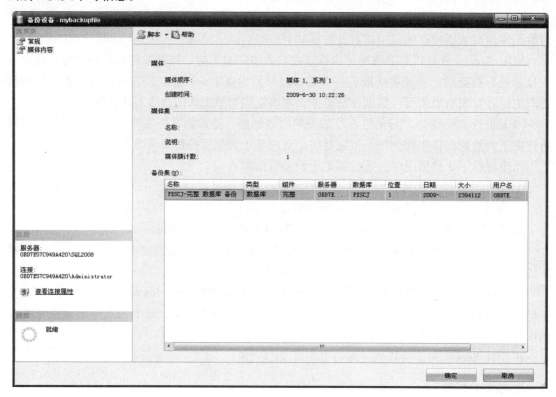

图 13.10　查看备份介质的内容并显示备份介质的信息

（2）使用 RESTORE 语句可以恢复用 BACKUP 命令所做的各种类型的备份，但是需要引起注意的是：对于使用完全恢复模式或大容量日志恢复模式的数据库，在大多数情况下，在完整恢复模式或大容量日志恢复模式下，SQL Server 2008 要求先备份日志尾部，然后还原当前附加在服务器实例上的数据库。

"尾日志备份"可捕获尚未备份的日志（日志尾部），是恢复计划中的最后一个相关备份。除非 RESTORE 语句包含 WITH REPLACE 或 WITH STOPAT 子句，否则，还原数据库而不先备份日志尾部将导致错误。

与正常日志备份相似，尾日志备份将捕获所有尚未备份的事务日志记录，但尾日志备份与正常日志备份在下列几个方面有所不同：

如果数据库损坏或离线，则可以尝试进行尾日志备份。仅当日志文件未损坏且数据库不包含任何大容量日志更改时，尾日志备份才会成功。如果数据库包含要备份的、在记录间隔期间执行的大容量日志更改，则仅在所有数据文件都存在且未损坏的情况下，尾日志备份才会成功。

尾日志备份可使用 COPY_ONLY 选项独立于定期日志备份进行创建。仅复制备份不会影响备份日志链。事务日志不会被尾日志备份截断，并且捕获的日志将包括在以后的正常日志备份中。这样就可以在不影响正常日志备份过程的情况下进行尾日志备份。

## 13.2.2 教学案例

【例 13.5】 使用 RESTORE 语句从一个已存在的命名备份介质 PXSCJBK1 中恢复整个数据库 PXSCJ。

（1）参考代码：

首先创建备份设备 PXSCJBK1：

```
USE master
GO
EXEC sp_addumpdevice 'disk'， ' PXSCJBK1'，
    'E：\data\PXSCJBK1.bak'
```

使用 BACKUP 命令对 PXSCJ 数据进行完全备份：

```
BACKUP DATABASE PXSCJ
    TO PXSCJBK1
```

恢复数据库的命令如下：

```
RESTORE DATABASE PXSCJ
    FROM PXSCJBK1
    WITH  FILE=1，REPLACE
```

（2）运行结果（见图 13.11）。

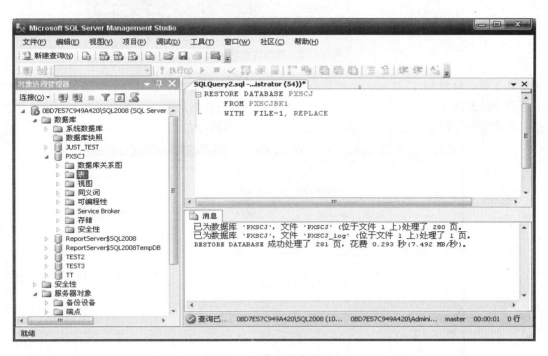

**图 13.11 恢复整个数据库**

【例 13.6】 使用图形向导方式恢复数据库 PXSCJ。

第 1 步：启动 SQL Server Management Studio，在"对象资源管理器"中展开"数据库"，选择需要恢复的数据库。

第 2 步：如图 13.12 所示，选择"PXSCJ"数据库，点击鼠标右击，在弹出的快捷菜单中选择"任务"菜单项，在弹出的"任务"子菜单中选择"还原"菜单项，在弹出的"还原"子菜单中选择"数据库"菜单项，进入"还原数据库-PXSCJ"窗口。

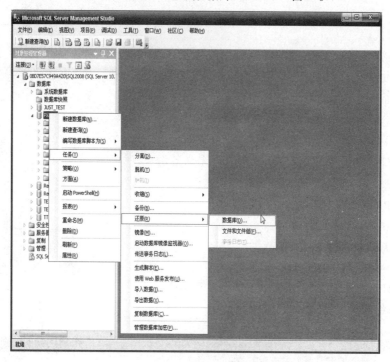

**图 13.12　选择还原数据库**

第 3 步：如图 13.13 所示，这里单击"源设备"后面的按钮，在打开的"指定备份"窗口中选择备份媒体为"备份设备"，单击"添加"按钮。在打开的"选择备份设备"对话框中，在"备份设备"栏的下拉菜单中选择需要指定恢复的备份设备。

**图 13.13　"还原数据库"窗口的"常规"选项卡**

如图 13.14 所示，单击"确定"按钮，返回"指定备份"窗口，再单击"确定"按钮，返回"还原数据库-PXSCJ"窗口。

图 13.14　指定备份设备

第 4 步：选择完备份设备后，"还原数据库-PXSCJ"窗口的"选择用于还原的备份集"栏中会列出可以进行还原的备份集，在复选框中选中备份集，如图 13.15 所示。

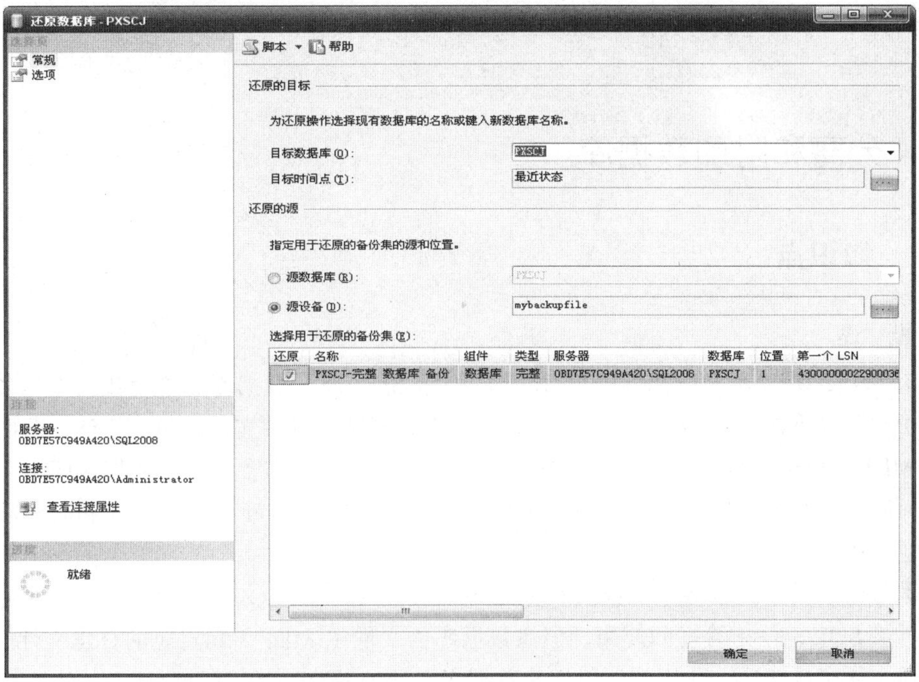

图 13.15　选择备份集

第 5 步：在如图 13.15 所示窗口中单击最左边 "选项" 页，在窗口右边勾选 "覆盖现有数据库" 项，如图 13.16 所示，单击 "确定" 按钮，系统将进行恢复并显示恢复进度。

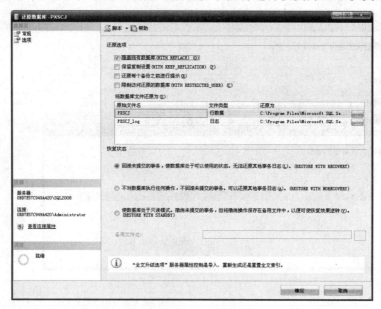

图 13.16　还原数据库

## 13.2.3　案例练习

【练习 13.3】　完成所有教学案例。

【练习 13.4】　完成对数据库 examaregister 的恢复操作。

# 13.3　分离和附加数据库

## 13.3.1　知识点

### 1. 概　述

SQL Server 提供了 "分离/附加" 数据库、"备份/还原" 数据库、复制数据库等多种数据库的备份和恢复方法。"分离/附加" 方法，类似于大家熟悉的 "文件拷贝" 方法，即把数据库文件（.MDF）和对应的日志文件（.LDF）拷贝到其他磁盘上作备份，然后把这两个文件再拷贝到任何需要这个数据库的系统之中。这个方法涉及 SQL Server 分离数据库和附加数据库这两个互逆操作工具。

（1）分离数据库就是将某个数据库（如 examregister）从 SQL Server 数据库列表中删除，使其不再被 SQL Server 管理和使用，但该数据库的文件（.MDF）和对应的日志文件（.LDF）完好无损。分离成功后，我们就可以把该数据库文件（.MDF）和对应的日志文件（.LDF）拷贝到其他磁盘中作为备份保存。

（2）附加数据库就是将一个备份磁盘中的数据库文件（.MDF）和对应的日志文件（.LDF）拷贝到需要的计算机，并将其添加到某个 SQL Server 数据库服务器中，由该服务器来管理和使用这个数据库。

### 2. 分离数据库

（1）在启动 SSMS 并连接到数据库服务器后，在"对象资源管理器"中展开服务器节点。在数据库对象下找到需要分离的数据库名称，这里以 student_Mis 数据库为例。右键单击 student_Mis 数据库，在弹出的快捷菜单中选择"属性"，如图 13.17 所示。

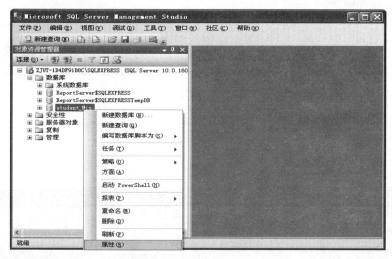

**图 13.17　分离数据库菜单**

（2）在"数据库属性"窗口左边"选择页"下面区域中选定"选项"对象，然后右边区域的"其他选项"列表中找到"状态"项，单击"限制访问"文本框，在其下拉列表中选择"SINGLE_USER"，如图 13.18 所示。

**图 13.18　数据库属性设置**

（3）在图 13.18 中单击"确定"按钮后将出现一个消息框，通知我们此操作将关闭所有与这个数据库的连接，是否继续这个操作，如图 13.19 所示。注意：在大型数据库系统中，随意断开数据库的其他连接是一个危险的动作，因为我们无法知道连接到数据库上的应用程序正在做什么，也许被断开的是一个正在对数据复杂更新操作、且已经运行较长时间的事务。

图 13.19

（4）单击"是"按钮后，数据库名称后面增加显示"单个用户"（见图 13.20）。右键单击该数据库名称，在快捷菜单中选择"任务"的二级菜单项"分离"。出现如图 13.20 所示的"分离数据库"窗口。

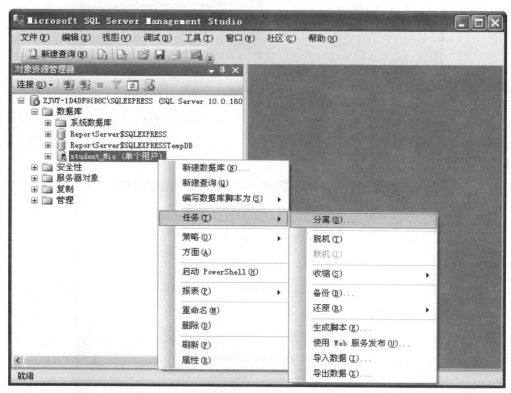

图 13.20　选择分离数据库

（5）在图 13.21 所示的分离数据库窗口中列出了我们要分离的数据库名称。请选中"更新统计信息"复选框。若"消息"列中没有显示存在活动连接，则"状态"列显示为"就绪"；否则显示"未就绪"，此时必须勾选"删除连接"列的复选框。

图 13.21　分离数据库窗口

（6）分离数据库参数设置完成后，单击底部的"确定"按钮，就完成了所选数据库的分离操作。这时在对象资源管理器的数据库对象列表中就见不到刚才被分离的数据库名称了。

### 3. 附加数据库

（1）将需要附加的数据库文件和日志文件拷贝到某个已经创建好的文件夹中。我们将该文件拷贝到安装 SQL Server 时所生成的目录 DATA 文件夹中。

（2）在图 13.22 所示的窗口中，右击"数据库对象"，并在快捷菜单中选择"附加"命令，打开"附加数据库"窗口。

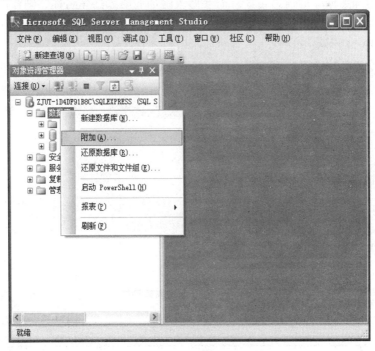

图 13.22　选择附加命令

（3）在"附加数据库"窗口中，单击页面中间的"添加"按钮，打开定位数据库文件的窗口，在此窗口中定位刚才拷贝到 SQL Server 的 DATA 文件夹中的数据库文件目录（数据文件不一定要放在"DATA"目录中），选择要附加的数据库文件（后缀.MDF），如图 13.23 所示。

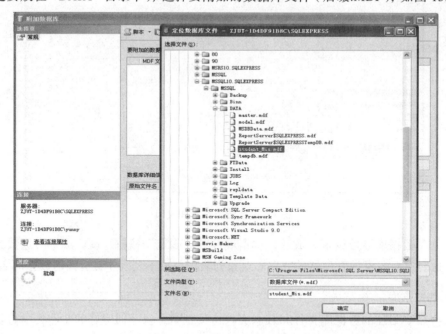

图 13.23　选择附加的数据库文件

（4）单击"确定"按钮就完成了附加数据库文件的设置工作。这时，在附加数据库窗口中列出了需要附加数据库的信息。如果需要修改附加后的数据库名称，则修改"附加为"文本框中的数据库名称。我们这里均采用默认值，因此，单击"确定"按钮，完成数据库的附加任务，如图 13.24 所示。

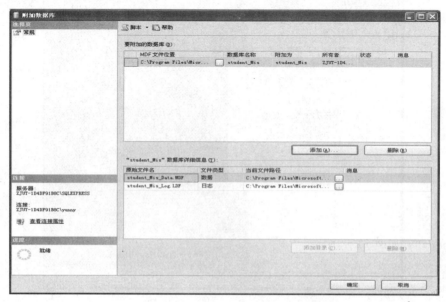

图 13.24

完成以上操作，我们在 SSMS 的对象资源管理器中就可以看到刚刚附加的数据库了。

以上操作可以看出，如果要将某个数据库移到同一台计算机的不同 SQL Server 实例中或其他计算机的 SQL Server 系统中，分离和附加数据库的方法是非常便捷的。

### 13.3.2　教学案例

【例 13.7】　完成对数据库 examregister 的分离和附加。

## 13.4　数据导入和导出

### 13.4.1　知识点

数据的导入、导出是数据库系统与外部进行数据交换的操作，是将数据从一种数据环境传输复制到另一种数据环境的过程。熟练操作数据的导入和导出，特别是与 Excel 的相互操作是数据库库管理和维护的日常工作。SQL Server 2008 提供了多种工具来对数据进行导入、导出的操作，其中"导入和导出向导"图形界面直观、操作简单，成为常用的工具。

#### 1. 导入数据

导入数据是从 SQL Server 2008 的外部数据源，如电子表格、文本文件中检索数据，并将数据插入到 SQL Server 2008 表的操作。

#### 2. 导出数据

导出数据是将 SQL Server 2008 实例中的数据提取为用户指定格式数据的操作。

### 13.4.2　教学案例

【例 13.8】　导入 Excel 工作表的学生信息到 examregister 数据库。

操作步骤如下：

（1）在"对象资源管理器"面板中选择并展开服务器，然后右击 examregister 数据库，在快捷菜单选择"任务"→"导入数据"，如图 13.25 所示，进入 SQL Server 导入和导出向导。

（2）单击"下一步"按钮，在数据源下拉列表中选择"Microsoft Excel"，然后点击"Excel 文件路径"后的浏览按钮，选择 Execl 工作表学生信息文件，在"Execl 版本"列表选择"Microsoft Excel 97-2003"，如图 13.26 所示。

（3）单击"下一步"按钮，在"选择目标"窗口中，"目标"下拉列表采用默认项"SQL Native Client 10.0"，"服务器名称"用默认名称，"身份验证"为"使用 Windows 身份验证"，"数据库"为 examregister 数据库，如图 13.27 所示。

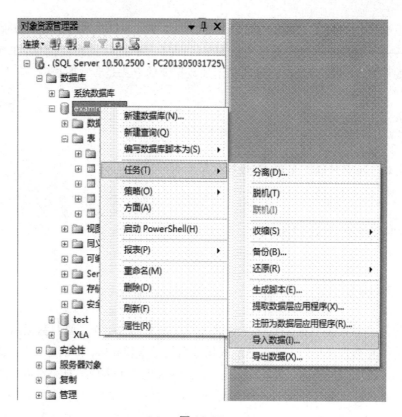

图 13.25

图 13.26

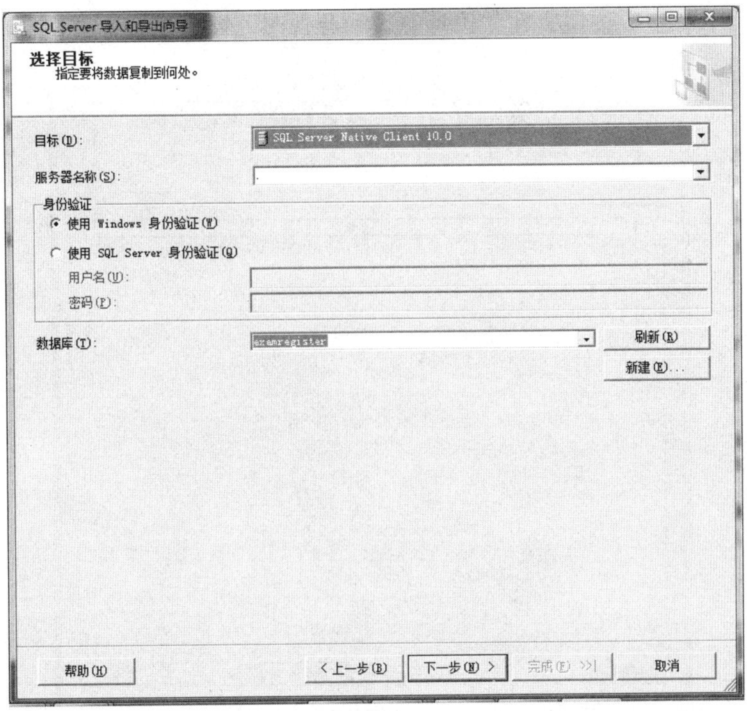

图 13.27

（4）单击"下一步"按钮，在"指定表复制或查询"窗口选择"复制一个或多个表或视图的数据"，如图 13.28 所示。

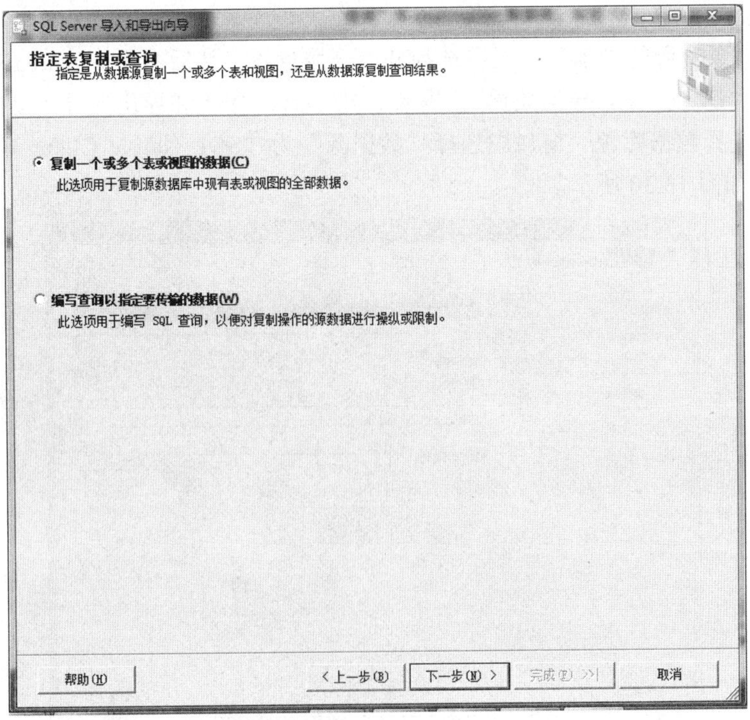

图 13.28

（5）单击"下一步"按钮，在"选择源表和源视图"窗口选择需要复制的源表"学生信息"工作表，如图 13.29 所示。

图 13.29

（6）单击"下一步"按钮，选择"立即执行"，完成学生信息的导入。

【例 13.9】 导出 examregister 数据库 stuInfo 表数据为 Execl 工作表。

操作步骤如下：

（1）在"对象资源管理器"面板中选择并展开服务器，然后右击 examregister 数据库，在快捷菜单选择"任务"→"导出数据"，进入 SQL Server 导入和导出向导（见图 13.25）。

（2）在"选择数据库源"窗口中选择"数据源"为"SQL Native Client 10.0"，数据库为 examregister，如图 13.30 所示。

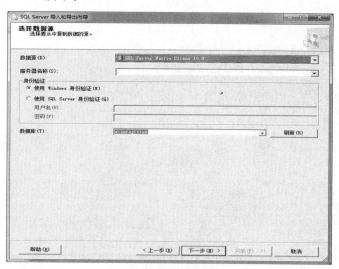

图 13.30

（3）单击"下一步"按钮，在"选择目标"窗口中，"目标"下拉列表选择"Microsoft Excel"，然后点击"Excel 文件路径"后的浏览按钮，选择将要存放导出的学生信息的工作表文件，在"Execl 版本"列表选择"Microsoft Excel97-2003"，如图 13.31 所示。

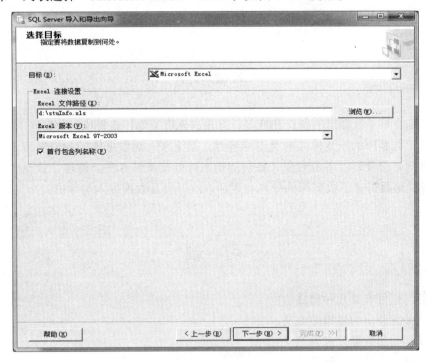

图 13.31

（4）在"选择源表和源视图"窗口选中 stuInfo 表，单击"下一步"按钮并完成，如图 13.32 所示。

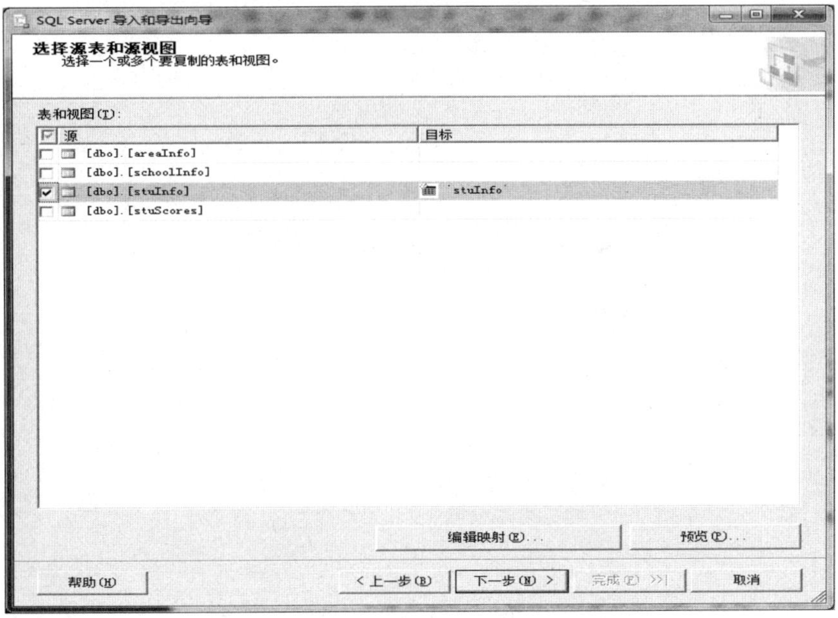

图 13.32

### 13.4.3　案例练习

【练习 13.5】　导出学生成绩表的数据为电子表格文件，包括学生姓名、身份证号、学校、各科成绩。

# 本章小结

本章详细介绍了数据库的备份和恢复。首先，分析了为什么要执行数据库的备份和恢复。其次，讲述了数据库的恢复模式的类型和特点。接下来，对数据库的备份进行了详细介绍。具体内容包括备份计划、备份对象、备份的动态性以及备份方法。讲述了数据库的还原操作的基本内容。最后讲述了数据库的分离和附加方法，以及数据导入与导出。

# 习　题

1. 备份与恢复有哪几种模式？
2. 简述差异备份与还原的方法。
3. 分离与附加数据库有何意义？
4. 数据导入与导出有何意义？

# 参考文献

[ 1 ] 鲁宁. 数据库原理与应用[M].成都：西南交通大学出版社，2010.

[ 2 ] 严波. SQL Server 2005 数据库案例教程[M]. 北京：中国水利水电，2009.

[ 3 ] 周奇. SQL server 2005 数据库基础及应用技术教程与实训[M]. 北京：北京大学出版社，2008.

[ 4 ] [英] Robin Dewson. SQL Server 2008 基础教程[M]. 董明，译. 北京：人民邮电出版社，2009.

[ 5 ] 李锡辉. SQL Server 2008 数据库案例教程[M]. 北京：清华大学出版社，2011.

[ 6 ] 周奇. SQL Server 2005 数据库及应用[M]. 北京：清华大学出版社，2010.